传 热 实 验 学

主　编　张　鹏　杨龙滨　贾俊曦　费景洲

主　审　孙宝芝

哈尔滨工程大学出版社

内 容 简 介

本书是根据当前世界范围内科学技术的飞速发展、高等教育国际化与本土化的发展趋势，总结近年来的实践教学成果修订而成的。在教材内容上注重学生能力的培养，在结构布局上深入浅出，先介绍了实验数据的数学处理，而后针对每个实验先阐述与实验有关的基本原理，然后再介绍各实验的操作方法与操作步骤。

本书可作为高等学校能源动力类、化工与制药类、航空航天类、交通运输类、土建类与机械类等专业的传热实验教材或参考书。

图书在版编目(CIP)数据

传热实验学/张鹏等主编. —哈尔滨:哈尔滨工程
大学出版社,2012.5(2019.7 重印)
ISBN 978 - 7 - 5661 - 0342 - 0

Ⅰ.①传… Ⅱ.①张… Ⅲ.①传热学 - 实验
Ⅳ.①TK124 - 33

中国版本图书馆 CIP 数据核字(2012)第 058488 号

出版发行	哈尔滨工程大学出版社
社　　址	哈尔滨市南岗区南通大街 145 号
邮政编码	150001
发行电话	0451 - 82519328
传　　真	0451 - 82519699
经　　销	新华书店
印　　刷	北京中石油彩色印刷有限责任公司
开　　本	787mm×960mm　1/16
印　　张	9.75
字　　数	207 千字
版　　次	2012 年 5 月第 1 版
印　　次	2019 年 7 月第 3 次印刷
定　　价	22.00 元

http://www.hrbeupress.com
E-mail:heupress@ hrbeu.edu.cn

前　言

　　传热学是能源与动力类专业重要的专业基础课,传热实验学是这门基础课必不可少的实践环节,是与理论教学具有同等重要地位的不可分割的一部分,而且是大学生知识学习和能力培养的实践平台。

　　传热实验课的任务,就是让学生通过实验进一步认识所学热量传递规律,巩固所学理论知识,同时认识各种参数测量仪表,掌握基本的物性测量方法,锻炼实际动手能力。通过实验,培养学生综合分析问题、解决问题的能力;培养学生独立思考、独立工作能力和创造能力;培养学生应用基本理论、基本定律解决实际问题的能力。

　　本书先介绍了实验数据的数学处理方法,而后针对每个实验先阐述与实验有关的基本原理,然后再介绍各实验的操作方法与操作步骤。本书重点参考了杨世铭、陶文铨编写的《传热学》第四版和曹玉璋的《实验传热学》,对热电偶温度计与电阻温度计的制造与标定、材料的导热系数的测定方法、各种情况下对流放热系数的测定及表面黑度、角系数的测定方法进行了探讨。

　　本书编写时吸收了国内同类教材的优点;同时为了更好地配合教学,巩固课堂上学到的知识,在每个实验之后都列有思考题。

　　本书由哈尔滨工程大学热工技术研究所承担编写任务,由张鹏担任主编,并编写了2~4章。参加编写工作的还有杨龙滨、贾俊曦、费景洲,他们共同编写了第1章和第5章。此外孙宝芝教授也十分关心本书的编写,不但对具体内容和写法提出了许多宝贵的意见和建议,而且对书稿进行了审核。本书的编写人员均参与了教育部"十二五"国家级实验教学示范中心——"船舶动力技术实验教学中心"的申报与建设工作。

　　本书在编写过程中参考或引用了一些专家学者的论著,在此表示感谢。

　　由于作者水平有限,书中错误与不妥之处在所难免,欢迎读者批评指正。

编　者

2012 年 1 月

目　　录

第1章 实验数据的数学处理

除某些观察实验外,对某一物理过程的实验研究,其直接结果是取得一系列的原始数据。一般地说,这些数据必须经过适当中间环节的处理、计算和转换,才能得到所需要的表征研究过程的变量之间的依从关系。例如,在传热实验中,当用电加热器加热并用热电偶测量表面温度时,实验测量得到的原始数据,将是一系列的加热器端电压和电流值以及相应状态下的热电势值。它们不能直接显示出人们所需要的结果。也就是说,不能用这些测得的原始数据直接表征所研究过程的变量依从关系。只有将热电偶的热电势转换成相应的温度,并经过计算将热电偶的端电压和电流值折算成功率,进而折算成热流时,才能得到我们所预期的实验数据——温度和热流。

将预期的实验数据进行整理,首先应对所研究的现象进行理论分析。不过,这里不准备涉及这方面的内容,只是概括地阐明如何进行实验数据的整理。通常,可采用三种形式来表示实验数据之间的依从关系,即列表表示法、图线表示法和数学表达式表示法。而图线表示法和数学表达式表示法是密切相关的,因此,这里就不将图线表示法和数学表达式表示法分成单独的两节来讨论。

1.1 实验数据的列表表示法

这里不妨将列表表示法稍加扩充,不只限于表示实验的最后结果。用表格表示实验数据,有三种类型的表格:记录原始数据的表格,由原始数据进行中间处理的表格,最终表征过程参数依从关系的表格。

原始数据的记录表格是后两种表格的依据。因此,必须在实验中,根据实验设计所确定的参数数目、参数变化范围严格地设计原始数据记录表格。设计和填写这种表格,必须注意如下事项。

1. 项目的完整性

表格中一定要有充分和必要的项目,全面地记录实验的工作状态(工况)和全部实验数据,并应包括实验日期、起止时间以及参加人员名单。同时根据需要,记录下大气温度和压力等环境参数。因为遗漏任何一项记录数据,都可能导致整个实验的失败。

2. 单位的完整性

在表格的各个项目中,都必须注明使用的单位。没有单位的物理量是一个没有任何意义的数字。

3. 有效数字的合理性

有效数字的位数取决于测量的准确度。盲目地增加有效数字的位数，并不能提高实验数据的精确程度，而某些初次参加实验的人员却常常忽视这一点。比如某一量的测量值记录为8.657 3，而其测量准确度为 1%，因此小数点后第二位已经不可靠，当然小数点后第三位就是无效数字。因此，实验数据的真值将在 8.64 和 8.66 之间，可见合理的测量数据应取为 8.65，这一数据才是与整个实验精度相适应的数据。

实验数据的中间处理表格的设计，应以便于数据整理为目的，表格应清楚地表明由原始数据到最后实验数据的处理过程。在表格中应特别注意中间计算和转换过程中单位的变换。

最后的实验数据表格是实验研究的精华，必须简明地表明实验研究的结果。在表格中应明显地表示出控制过程发展的物理量与随之而变化的物理量之间的依从关系。有时，表格本身尚不能充分地表达全部实验结果，还需要一些附加的说明列于表首或表尾。

目前计算机已广泛地应用于实验研究，因此，原始数据、中间数据处理和最后的数据表格都可由计算机按预先编制的程序进行，并可将最后数据之间的依从关系绘制成各种图线或拟合成相应的数学表达式。

列表表示法是最简单的实验数据表示法，只要将根据原始数据整理的最后实验结果列入数据表格即可。但是，这种方法的缺点之一是不能形象地看出过程的发展趋势；另一个缺点是不如数学表达式表示的实验结果更便于计算机计算，但这个缺点不是绝对的，往往有些实验数据呈现了复杂的依从关系，有时甚至无法用简单函数来表达最后结果，这时采用列表法可能更便于表达实验的结果；列表法的第三个缺点是实验结果表达的间断性无法引用两实验点之间的数据，如果需要取得两点间的中间数据，就必须借助于插值法。常见的插值法有线性插值、差分插值、一元拉格朗日插值多项式、差商插值多项式、二元拉格朗日插值多项式、埃尔米特插值多项式以及样条插值等方法。在一般工程中，当自变量间隔和因变量阶跃不太大时，都采用线性插值。

1.2 图线表示法

图线表示法是把实验数据之间的相互关系用图线表示出来。这种图线是根据在坐标图中的实验点用适当的方法建立起来的。这里所采用的坐标图一般常见的有直角坐标图、半对数坐标图、全对数坐标图以及极坐标图等。这种方法的优点是从图线上可以形象地看到各参数之间的关系和发展趋势，并可将实验结果适当外延。另外，在用图线来平滑实验点的过程中，可适当地消除部分随机误差。当然，这种方法也避免了表格法中实验结果间断的缺点。下面对图线法的一些基本知识加以说明。

1.2.1 标度尺与比例尺的选择

标度尺是指图上单位线性长度或单位角度所代表的物理量。比例尺是指各坐标轴标度尺之间的比例。在作图表示实验结果时,必须首先选择适当的标度尺和比例尺。标度尺和比例尺的选择有一定的独立性,但两者又存在一定的关系。否则,不能恰当地描述实验数据的依从关系,甚至会引起误解。这里先举一例加以说明。例如,某一实验最后整理出来的结果是:当 x 为 1,2,3 和 4 时,函数 y 值分别为 8.0,8.2,8.3 和 8.0;并选择 x 轴标度尺为图上每单位长度代表一个单位的 x 值,而 y 轴标度尺为图上每单位长度代表两个单位的 y 值。这时,上述实验结果表示在 $x-y$ 坐标图上,如图 1.1(a)所示。根据图 1.1(a)中表示的实验结果,人们有理由把这些实验点连成一平行于 x 轴的直线,并可得出结论:实验证明 y 值与 x 值无关。但是,如果改换一下标度尺,使 x 轴坐标的标度尺不变,而 y 坐标轴的标度尺改为图上每单位长度代表 0.2 个单位的 y 值。改换 y 轴标度尺之后,实验数据表示在图上,如图 1.1(b)所示。

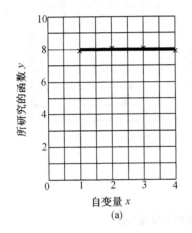
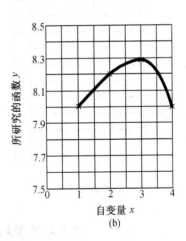

图 1.1 标度尺选择对表示实验结果的影响

(a)直线关系;(b)抛物线关系

根据图 1.1(b)上实验点的位置,人们有理由将实验结果连成抛物线,并认为实验证明:y 值受 x 值的影响,并在 $x=3$ 处出现 y_{max}。同样的实验数据,却得出了不同的结论。那么,哪一个结论正确呢?回答是,两个结论都可能正确。这是否说明实验结果与所选择的标度尺有关呢? 显然,回答是否定的。从表面上看,上述矛盾是由于选择不同的标度尺引起的。但是,标度尺的选择,实际上是与实验误差的估计密切相关的。

仍以上例来说明如何正确选择标度尺。如果已知 y 的测量误差 $\Delta y = \pm 0.2$,x 值的测量误差 $\Delta x = \pm 0.05$,则上例的测量结果应为:当 $x_1 = 1 \pm 0.05$,$x_2 = 2 \pm 0.05$,$x_3 = 3 \pm 0.05$,

$x_4 = 4 \pm 0.05$ 时，$y_1 = 8.0 \pm 0.2$，$y_2 = 8.2 \pm 0.2$，$y_3 = 8.3 \pm 0.2$，$y_4 = 8.0 \pm 0.2$。这时，如果把误差带也同时表示在图上，则图 1.1(a) 变成图 1.2(a)，并且图 1.1(b) 变成图 1.2(b)。这样，从图 1.2 可以清楚地看到：不论选择什么样的标度尺，其实验结论都是一样的。根据图 1.2(a) 及图 1.2(b)，有理由认为把实验结果连成平行于 x 轴的直线是正确的。如果设法采取措施来减小 y 值的测量误差，那么，这些数字的意义就不同了。如果 y 值的测量误差不是 0.2，而是 0.02，则 $x_1 = 1 \pm 0.05$，$x_2 = 2 \pm 0.05$，$x_3 = 3 \pm 0.05$，$x_4 = 4 \pm 0.05$ 时，$y_1 = 8.0 \pm 0.02$，$y_2 = 8.2 \pm 0.02$，$y_3 = 8.3 \pm 0.02$，$y_4 = 8.0 \pm 0.02$，仍按上述两种标度尺把这些数据分别画在图上，如图 1.3(a) 和图 1.3(b) 所示。这时，实验结果就不是直线，而应是具有最大值的曲线形式。从以上讨论可以得出如下结论：第一，标度尺要选择适当，否则就会出现图 1.2(b) 那样的情况，以如此长的一个矩形来代表一个实验"点"，显然是不合理的；第二，标度尺的选择与测量误差的大小有密切的关系。可以根据误差带选择标度尺和 x - y 轴的比例，当 x 轴上的误差带与 y 轴上的误差带所构成的矩形接近正方形时，可以认为比例尺的选择是适宜的。

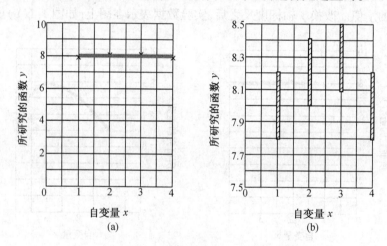

图 1.2　根据测量误差表示实验结果
(a) 大的 y 轴标度尺；(b) 小的 y 轴标度尺

　　下面讨论这个正方形的大小。一般情况下，测量误差带在图纸上占 1 ~ 2 mm 是合适的。比如测量温度沿杆长的分布，温度的测量范围是 0 ~ 100 ℃，其测量误差为 ±0.5 ℃，杆长为 200 mm，其测量误差为 ±1 mm。这时，如果取温度的标度尺为 10 ℃/mm，那么，±0.5 ℃ 在坐标轴上只占 0.1 mm 的长度，在图上几乎无法辨认。如取温度标度尺为 0.01 ℃/mm，则 ±0.5 ℃ 的误差带将在坐标轴上占 100 mm 的长度，显然也是不适宜的。对于一般技术报告的用图，具有 ±0.5 ℃ 的误差，以取 1 ℃/mm 的标度尺为宜，这时，测温误差带在图上占据 1 mm，当杆长的标度尺取 2 mm/mm 时，长度 ±1 mm 的误差带在图上也占据 1 mm。这时，每个测量点的误差带在 x - y 坐标图上形成 1 mm × 1 mm 的正方形。但在很多情况下，难以全面

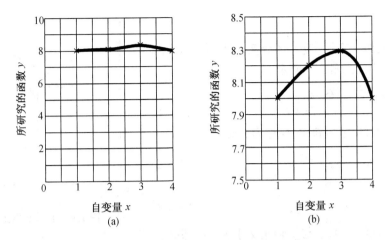

图 1.3　测量误差减小对实验结果的影响

（a）大的 y 轴标度尺；（b）小的 y 轴标度尺

满足上述要求。上述原则只能作为参考标准之一。如当测量参数变化范围很大时,首先应该考虑的是,要在有限的坐标纸上容纳全部实验数据。上例的测量范围为 0～100 mm,根据误差带在坐标轴上占据 1～2 mm 的原则,（100±5）℃的温度值在坐标轴上约占 101～202 mm 的长度,这是一般坐标纸所允许的。如果测温范围为 0～1 000 ℃,仍然以误差带在坐标轴上占据 1～2 mm 的要求为选择标度尺的标准,那么,（1 000±0.5）℃就要在坐标纸上占据 1 m 的长度,这显然是一般坐标纸无法容纳的（这里不讨论测量 1 000 ℃的高温是否能达到±0.5 ℃的测量误差）。这时就要根据坐标纸能容纳全部实验数据为原则,来选择坐标轴的标度尺和比例尺。如果要兼顾两者,那么就只有将全部实验数据分成几段,分别画在几张坐标纸上,才能达到目的。

1.2.2　图线的绘制

选择适当的标度尺和比例尺后,就可以把数据画在坐标纸上,将这些离散的实验点连成光滑的图线,不严格的办法是,用曲线板或曲线尺作图,使大部分实验点围绕在该直线的周围。如果实验点在坐标图上的趋势是直线,则可利用直尺作直线,使大部分实验点围绕在该直线的周围。将实验点连成直线的情况是很多的,从以后的讨论中还可以看到,很多曲线经过线性化处理,仍然可以连成直线。因此,这里将着重讨论直线的连接。

1. 图解法

用透明直尺作一直线,使大部分实验点尽可能地围绕在该直线的周围,如图 1.4 所示。

该直线的数学表达式为

$$y = Bx + C \qquad (1-1)$$

式中,B,C 为常数,B 称为斜率,C 称为截距,有

$$B = \tan\varphi = \frac{\Delta y}{\Delta x} = \frac{y_2 - y_1}{x_2 - x_1} \qquad (1-2)$$

$$C = \frac{y_1 x_2 - y_2 x_1}{x_2 - x_1} \qquad (1-3)$$

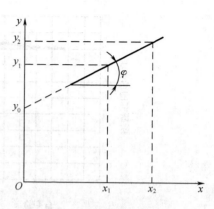

图 1.4 实验数据的整理

如果直线可延伸至 $x = 0$,且与 y 轴相交于 y_0 处,那么

$$C = y_0 \qquad (1-4)$$

这种方法虽然简单,但存在明显的缺点,因为凭直观围绕同一批实验点可能作出不同斜率和不同截距的直线。另外,这种方法没有提供一个判据来衡量所绘制直线对实验数据的拟合质量。不过,无论如何,这种方法总归是一种简单易行的方法。

2. 连续差值法

连续差值法是计算相邻两点实验数据的斜率,然后取全部斜率的算术平均值为最佳斜率,并可求出最佳斜率的标准误差。

该法的优点是给出了求直线斜率的规范化方法,排除了直观方法的任意性,同时给出了所作直线斜率的标准偏差,即给出了判断所绘制图线优劣的标准。但该法仍有明显的缺点,因为该最佳斜率取决于实验点中首、尾两点所构成的直线的斜率。而在实际实验中,往往首、尾两点的数据的可靠性差。所以,必须对该法进行改进,这就是下述的延伸插值法。

3. 延伸插值法

这种方法是按自变量值将数据分成数目相等的两组,即高 x 值组和低 x 值组,高 x 值组自变量编号为 $x_{H.1}$,$x_{H.2}$,$\cdots$,$x_{H.m}$,低 x 值组自变量编号为 $x_{L.1}$,$x_{L.2}$,$\cdots$,$x_{L.m}$,相应的 y 值为 $y_{H.1}$,$y_{H.2}$,$\cdots$,$y_{H.m}$ 及 $y_{L.1}$,$y_{L.2}$,$\cdots$,$y_{L.m}$。然后,将两组中相应编号的 y 值相减,有

$$\Delta y_i = y_{H.i} - y_{L.i} \qquad (1-5)$$

相应编号的 x 值相减,有

$$\Delta x_i = x_{H.i} - x_{L.i} \qquad (1-6)$$

求出它们的斜率 B_i 为

$$B_i = \frac{\Delta y_i}{\Delta x_i} \qquad (1-7)$$

最后求出平均斜率值 B 为

$$B = \frac{\sum_{i=1}^{m} B_i}{m} \tag{1-8}$$

这种方法实质上是将高、低值组中的相应两点连成直线,然后求出这些直线的平均斜率,这样就避免了平均斜率只取决于数据首、尾两点的缺点。

4. 平均值法

这种方法与延伸差值法很像,同样将 n 个数据分成两组,其中任意一组数据均可写成

$$y_i = A + Bx_i \tag{1-9}$$

对第一组数据 m 个方程相叠加,得

$$\sum_{i=1}^{m} y_{H.i} = mA + B \sum_{i=1}^{m} x_{H.i} \tag{1-10}$$

对第二组数据 m 个方程相叠加,得

$$\sum_{i=1}^{m} y_{L.i} = mA + B \sum_{i=1}^{m} x_{L.i} \tag{1-11}$$

由上述两个方程 $(1-10)$ 及方程 $(1-11)$ 可解出两个常数 A 和 B。当自变量 x 按等差级数分布时,平均值法与延伸差值法会得到同样的结果。

上述诸方法都比较简单,没有大量的计算,而且给出了一个较为客观的作图方法和评定标准。但是,在实验点较分散、实验误差较大的情况下,最小二乘法将是更有效的方法。虽然,其复杂程度增加了,但现已有专用的计算机程序。

5. 最小二乘法

最小二乘法是实验数据数学处理的重要手段。过去由于计算的繁琐,尚未充分显示出优越性,随着计算机和计算技术的飞速发展,最小二乘法已经广泛地应用在实验数据的整理过程中。最小二乘法建立在实验数据的等精度和误差正态分布的假设前提下。根据这一前提,进行了较为繁琐的数学推演与证明,得出了相应的定理和结论。但在实验应用中,人们常常不去考察自己的实验误差是否符合正态分布。为了从实用角度很快地引出有实用价值的结论,这里略去最小二乘法的严格数学推演和证明,而着重从实用的角度,借助于推理的方法,直接导出最小二乘法的有用结论。

如果有一组测量数据,A_i 为第 i 点的测量值,X_{0i} 为该点最佳近似值,则该点的残差 V_i 为

$$V_i = A_i - X_{0i} \tag{1-12}$$

最小二乘法原理指出:具有同一精度的一组测量数据,当各测量点的残差平方和为最小时,所求得的拟合曲线为最佳拟合曲线。

如果用一直线近似表示一批实验数据相互之间的依从关系,其直线可表示为

$$y = Bx + C \tag{1-13}$$

如果 x_i 处实验测量值为 y_i,与近似直线式(1-13)值相差为 $e_{y.i}$,则 x_i 处实验测量值可表示成

$$y_i = Bx_i + C + e_{y.i}$$

即

$$e_{y.i} = y_i - (Bx_i + C) \tag{1-14}$$

如果实验测量点为 n 个,则均方和(即残差平方和)S 为

$$S = \sum_{i=1}^{n} e_{y.i}^2 = \sum_{i=1}^{n} \left[y_i - (Bx_i + C) \right]^2 \tag{1-15}$$

根据最小二乘法原理,如果近似直线式(1-13)能满足 $\sum e_{y.i}^2$ 为最小的要求,则该式即为最佳近似直线。从数学的角度来考查,欲选择式(1-13)中的 B,C 使式(1-15)满足 $\sum e_{y.i}^2$ 最小,亦即必须满足下述两个条件:

$$\frac{\partial}{\partial B} \left[\sum e_{y.i}^2 \right] = 0 \tag{1-16}$$

$$\frac{\partial}{\partial C} \left[\sum e_{y.i}^2 \right] = 0 \tag{1-17}$$

将式(1-15)分别代入式(1-16)及式(1-17)得

$$\sum x_i (y_i - Bx_i - C) = 0 \tag{1-18}$$

$$\sum (y_i - Bx_i - C) = 0 \tag{1-19}$$

式(1-18)和式(1-19)称为正规方程,而

$$x_i (y_i - Bx_i - C) = 0 \tag{1-20}$$

$$y_i - Bx_i - C = 0 \tag{1-21}$$

称为条件方程。应用实验数据,通过正规方程,便可求出拟合一批实验数据的最佳直线的斜率 B 和截距 C。

为了给出斜率的偏差,下面讨论斜率的标准误差。如果自变量具有相等的间隔,则标准误差为

$$e_0 = \left\{ \frac{n \sum e_{y.i}^2}{(n-2) \left[n \sum x^2 - (\sum x)^2 \right]} \right\}^{1/2} \tag{1-22}$$

仔细考察上述讨论,可以看到,全部讨论都认为自变量 x 是无误差的,全部误差都集中在 y 上。在很多讨论最小二乘法的书中也认为 x 值是无误差的。但实际上,这种假设有时是不符合实际情况的。比如在校验热电偶的实验中,将实验数据表示成 $E = f(T)$。在实验中,往往可以采用高精度的电位差计或数字电压表来测量热电势 E,可以达到千分之几甚至万分之几的精度。但要想把温度的测量精度提高到万分之几是不可能的,因为热源的均匀、稳定程度和

温度的测试手段都难以达到如此高的精度。在这种情况下,假设 y 值无误差才是合理的。如果假设 y 值是无误差的,全部误差集中在 x 上,于是 x 的均方和为

$$\sum e_{y,i}^2 = \sum \left(x_i - \frac{y_i}{B} + \frac{C}{B} \right)^2 \qquad (1-23)$$

同样,根据最小二乘法原理,式(1-22)必须满足

$$\frac{\partial}{\partial B} \left[\sum e_{y,i}^2 \right] = 0 \qquad (1-24)$$

$$\frac{\partial}{\partial C} \left[\sum e_{y,i}^2 \right] = 0 \qquad (1-25)$$

将式(1-23)分别代入式(1-24)及式(1-25),得到

$$\sum (B - x_i - y_i + C) = 0 \qquad (1-26)$$

$$\sum y_i (Bx_i - y_i + C) = 0 \qquad (1-27)$$

这也是一组正规方程,同样可以通过它们求出最佳的近似直线。可见逼近一组实验数据存在着两个最小二乘的解。哪一个更合适,需要对实验测量过程进行误差分析。如果某一坐标轴上的误差明显大于另一坐标轴上的误差,则应采用前一坐标轴上的最小二乘解。但在很多情况下,两个坐标上的误差是旗鼓相当的,这时应采用两者的平均值。

在结束最小二乘法的讨论时,应该指出,上面对最小二乘法的讨论并不是最小二乘法的全部,更不要产生一个错觉,认为最小二乘法只适用于线性函数的拟合。其实,线性函数不过是多项式的一个特例。如果把函数表示成一般的多项式形式,则

$$y = C + B_1 x + B_2 x^2 + \cdots + B_m x^m \qquad (1-28)$$

这时的正规方程为

$$\sum_{k=0}^{m} S_{k+l} a_k = V_l, \quad (l = 0,1,2,\cdots,m) \qquad (1-29)$$

这是一组以 $a_0, a_1, a_2, \cdots, a_m$ 为未知数的 $(m+1)$ 阶线性代数方程组。m 次的最小二乘拟合多项式的系数应满足式(1-28)。这方面的详细阐述请查阅最小二乘法的专著。

1.3　数据的线性化处理

因为线性方程的形式和图形比较简单,所以人们对直线有较强的判断能力。而当数据呈现曲线分布时,由于曲线方程的形式五花八门,方程中各系数的变化又会使曲线形状截然不同,而且同一曲线方程在不同的域内其形状各不相同,因此,凭直观很难准确地判断应把实验数据整理成什么形式的数学表达式。如果采取某种变换能把曲线形式的表达式转化为直线形式的表达式,那么,就可以利用对直线的处理方法来作图和确定表达式中的常数,然后再将得到的线性方程还原成原函数形式,这样会使拟合实验数据过程更简便,拟合的表达式更准确。

可见,所谓的线性化处理,就是将任一函数 $y = f(x)$ 转换成线性函数 $Y = nX + C$,其方法是寻找一新的坐标系 $X - Y$,其中 $X = \varphi(x,y)$,$Y = \psi(x,y)$,使 $x - y$ 坐标系中呈曲线关系的实验数据在 $X - Y$ 坐标系中呈线性关系。

在传热学实验中常常应用这种方法进行数据处理。如管内紊流强迫对流换热,数据努塞尔数 Nu 与雷诺数 Re 呈曲线关系。根据传热学理论和经验,可以把 Nu 与 Re 的关系表示为

$$Nu = ARe^n \tag{1-30}$$

令 $Y = \lg Nu$,$X = \lg Re$,于是式 $(1-30)$ 的线性化方程为

$$Y = nX + C \tag{1-31}$$

因此,Nu 与 Re 按式 $(1-31)$ 整理,则在 $X - Y$ 坐标系中呈线性关系,可以用已讨论过的所有处理直线方程的方法来处理上述数据,求得相应的常数 n 和 $A(C = \lg A)$,然后将已知的线性方程 $(1-31)$ 还原为式 $(1-30)$ 的形式,使式 $(1-30)$ 成为确定的形式。

为方便起见,下面列出在传热学领域内可能遇到的曲线方程及其线性化方程。

1.3.1　幂函数的线性化方程

$$y = Ax^n \tag{1-32}$$

其线性化方程为

$$Y = nX + C \tag{1-33}$$

式中,$Y = \lg y$,$X = \lg x$,$C = \lg A$。

上面已对其进行了初步讨论,这里稍加概括。当上述幂指数 n 值不同时,其曲线形状也将不同。当 $n > 0$ 时,如图 1.5(a) 所示;当 $n < 0$ 时,如图 1.5(b) 所示。按 $X - Y$ 坐标整理实验数据见图 1.6 所示。

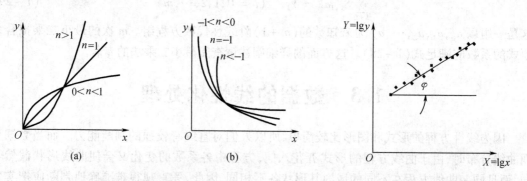

图 1.5　幂函数 $y = Ax^n$
(a) $n > 0$;(b) $n < 0$

图 1.6　幂函数的线性化方程

根据线性化方程的性质

$$n = \tan\varphi \qquad (1-34)$$

可由任意一点的 x, y 值求出 A，有

$$A = \frac{y}{x^n} \qquad (1-35)$$

由以上分析可以看出，对于幂函数分布规律的实验数据，用双对数坐标纸进行整理，就可使实验数据呈线性关系。

1.3.2　幂函数的另一种常用形式

$$y = a + Ax^n \qquad (1-36)$$

其图形如图 1.7 所示。取 $X = \lg x, Y = \lg(y-a)$，则线性化方程为

$$Y = nX + C \qquad (1-37)$$

式中，$C = \lg A$。如果式（1-36）中常数 a, A 及 n 均未知，则需首先根据实验数据求出常数 a。a 的求法如下：取两点 x_1 及 x_2 和相对应的 y_1 及 y_2 值，然后再取第三点 $x_3 = \sqrt{x_1 x_2}$ 以及相对应的 y_3 值，于是

$$a = \frac{y_1 y_2 - y_3^2}{y_1 + y_2 - 2y_3} \qquad (1-38)$$

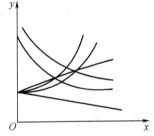

图 1.7　幂函数 $y = a + Ax^n$

a 值已知后，便可按 X, Y 整理实验数据，并可在 $X-Y$ 坐标系中求得 n 与 A。

1.3.3　指数函数的线性化方程

指数函数

$$y = A\mathrm{e}^{nx} \qquad (1-39)$$

其图形如图 1.8 所示。取 $X = x, Y = \ln y$，于是其线性化方程为

$$Y = nX + C \qquad (1-40)$$

式中 $C = \ln A$，或取 $X = x, Y = \ln y$，则其线性化方程为

$$y = 0.4343nX + C' \qquad (1-41)$$

式中，$C' = \ln A$。

由以上分析可以看到，用单对数坐标纸整理实验数据，便可呈现直线形式。至于方程中的常数 A, n 的确定，这里不再赘述。

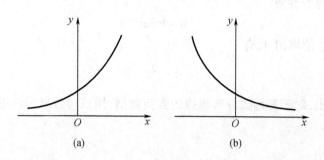

图 1.8　指数函数 $y = A\mathrm{e}^{nx}$
(a) $n > 0$; (b) $n < 0$

1.3.4　多项式的线性化处理

多项式

$$y = a + bx + cx^2 \qquad (1-42)$$

其图形如图 1.9 所示。取 $Y = (y - y_1)/(x - x_1)$, $X = x$, 于是,
其线性化方程为

$$Y = (b + cx_1) + cX \qquad (1-43)$$

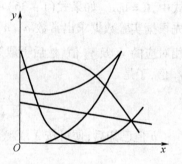

图 1.9　多项式 $y = a + bx + cx^2$

其中 x_1, y_1 为已知曲线上的任意一点坐标值。通过在 $X - Y$ 坐标系中整理数据,可以得到线性方程的斜率 c 与截距 $(b + cx_1)$。由于 c 及 $(b + cx_1)$ 已知,故可解出 b 值。a 可采用下述方法求得,取 n 组数据,于是, y 可表示成

$$\left.\begin{array}{l} y_1 = a + bx_1 + cx_1^2 \\ y_2 = a + bx_2 + cx_2^2 \\ \qquad \vdots \\ y_n = a + bx_n + cx_n^2 \end{array}\right\} \qquad (1-44)$$

所以

$$\sum_{i=1}^{n} y_i = na + b\sum_{i=1}^{n} x_i + c\sum_{i=1}^{n} x_i^2 \qquad (1-45)$$

于是

$$a = \frac{\sum\limits_{i=1}^{n} y_i - b\sum\limits_{i=1}^{n} x_i - c\sum\limits_{i=1}^{n} x_i^2}{n} \qquad (1-46)$$

　　从以上分析中可以看到,在对数坐标中实验数据呈现出更小的分散度。比如,在 $x = x_i$ 处,实验测量值为 y_i,在相应的拟合曲线上为 y_{0i},则在普通直角坐标中,实验数据的分散度 e_{10} 为

$$e_{10} = \frac{y_i - y_{0i}}{y_{0i}} = \frac{y_i}{y_{0i}} - 1 \tag{1-47}$$

而在对数坐标中,其分散度 $e_{\lg}$ 为

$$e_{\lg} = \frac{\lg y_i - \lg y_{0i}}{\lg y_{0i}} = \frac{\lg y_i}{\lg y_{0i}} - 1 \tag{1-48}$$

很明显,对于大于 1 的实验数据,$e_{\lg} < e_{10}$。可见,分散度很大的实验数据,在对数坐标中却能显现出较明显的规律性,这对实验数据的处理带来一定的方便。

第 2 章 导 热 实 验

2.1 导热的实验研究

2.1.1 导热实验研究的内容

导热实验研究的主要内容:一是测定导热物体在一定工况下的温度分布(包括稳态分布与瞬态分布)和热流;二是测定物质的热物性参数(如导热系数和导温系数)。从宏观上讨论导热问题,一般是求解导热物体在一定工况下的温度场或热流。导热问题没有宏观的物质流动,因此,描述导热问题的微分方程较对流换热要简单得多,从而其分析求解和数值求解都相对容易一些。

在导热问题中,不论是分析求解温度场,还是分析求解热流,数值法求解物体的导热问题,都需要已知物体的导热系数或导温系数,因此,导热实验研究中很大的一部分内容是实验确定物质的导热系数或导温系数。目前,虽然从理论上或从分子运动论的角度导出一些(如气体)导热系数的计算公式,但是,由于影响因素的复杂性和敏感性,这些从导热机理导出的计算公式误差较大。在实际应用中,人们更相信实验测得的导热系数值。

2.1.2 实验确定物体导热系数(或导温系数)的基本原理

实验确定导热系数或导温系数的基本原理是,实验求解导热方程的反问题,即实验测定一定热工况下物体的温度分布,反算出被研究物体的导热系数或导温系数。因此,任何已有分析解的导热模型,原则上都可以作为测定导热物体导热系数或导温系数的实验模型。对于稳态模型,测得其温度与空间坐标的关系,然后利用稳态模型的分析解,求解物体的导热系数;对于非稳态模型,则测量特定位置上温度与时间的关系,利用该模型的分析解求解其导热系数或导温系数。有时还可能通过一次实验获得几个物性参数值或某一物性参数综合量。利用稳态导热模型测量物性参数的方法称为稳态法;利用非稳态导热模型测量物性参数的方法称为瞬态法。

不论是稳态法还是瞬态法,制订实验方案的首要任务是,使实验模型满足导热方程(包括单值性条件)所描述的理论模型的要求。比如在稳态法中最常用的是使用一维导热方程,即无限大平板模型,描述该模型的导热方程为

$$\frac{\partial^2 t}{\partial x^2} = 0 \tag{2-1}$$

其边界条件为

$$x = 0 \text{ 时 } t = t_{w_1}; \quad x = \delta \text{ 时 } t = t_{w_2} \tag{2-2}$$

可以解得下列方程

$$q = \frac{\lambda}{\delta}(t_{w_1} - t_{w_2}) \tag{2-3}$$

利用上式实验求解导热系数,就必须布置实验,使实验模型满足描述一维导热模式(2-1)及式(2-2)的要求,否则,就不能利用式(2-3)求解导热系数,或者带来不可容忍的误差。在满足上述要求的实验模型上,测量热流密度 q、试样厚度 δ 以及在 δ 厚度上的温度差值,便可以利用式(2-3)求解试样的导热系数。对于稳态一维平板导热实验,其布局的关键就在于如何使实验模型满足一维导热的边界条件。在分析求解式(2-1)时,只要假设平板模型为无限大,便可轻而易举地满足一维导热理论模型的要求。但在实验布局上,要使实验模型满足这一要求,就要采取多种措施,周密地布置实验,否则,就无法满足一维导热的要求。

2.1.3 流体的导热系数测量

在稳态实验方案中,热流的测量一般都不是直接地测量换热表面的热流,而是通过稳态热平衡的方法,认为加热器的加热量即为通过试件的热流量。但在流体的导热试验中,流体试样中除了存在导热方式的换热以外,还可能出现对流换热和辐射换热。这时,加热器的加热量将是通过试样的导热、自然对流换热和辐射换热的总和,这给导热流的确定带来很大麻烦。可见,在流体导热系数的测量中,保持实验模型与理论模型相一致的难度在于无法消除自然对流和辐射换热的影响。因此,在流体导热系数的测量实验中,应设法将自然对流和辐射换热降低到最低程度。自然对流的强度取决于格拉晓夫数,即

$$Gr = \frac{g\alpha\Delta t l^3}{\nu^2} \tag{2-4}$$

式中 g——重力加速度;

$\quad\quad \alpha$——体积膨胀系数;

$\quad\quad \Delta t$——温差;

$\quad\quad l$——定性尺度;

$\quad\quad \nu$——流体的运动黏度。

由式(2-4)可见:

①为降低自然对流强度,流体试样的放置应尽量热面在上、冷面在下,以使流体试件的温度梯度与地心加速度方向相反;

②流体试样冷、热面温差不应过大；

③流体试样的厚度不应太大。

参考文献[1]指出，当流体试样为气体时，气体层厚度的选取与气体的稀薄程度有关，因为稠密的气体可以认为与盛装气体试样的容器壁面紧密黏附，所以容器壁面温度即为与黏附的气体试样的温度。但是，当气体稀薄以后，它与容器壁面的相互作用变弱，于是将导致容器壁面温度与其黏附的气体试样温度不一致。这一现象在气体层厚度与气体分子自由程长度可比拟时，将显现出来。因此，对于稀薄气体导热实验的边界温度测量时应特别注意，尤其对于高温稀薄气体，这种现象更加明显。

对于辐射换热，一般除在安排实验时尽量降低其辐射换热强度外，还可采用计算扣除的办法来消除辐射换热的影响。应该指出，消除辐射换热的计算也是有一定难度的，因为表面黑度的选取难以准确，尤其当试样是具有吸收性和发射性的物质时，这种修正就变得更复杂，并且修正的准确度也不高。因此，在实验安排中，应尽量减小辐射换热的比例，如尽可能选择发射率小的材料做试样的容器壁面。以上关于辐射换热的修正，也适用于透明固体试样的导热实验。

2.1.4 瞬态法

瞬态法测量物质的导热系数或导温系数，所依据的是给定的非稳态导热理论模型的分析解。由实验测出温度与时间的相关关系以后，便可根据相应模型的分析解反求出物质的导热系数或导温系数或某一热物性参数的综合量。在瞬态法中，有一部分瞬态实验方案所关心的是加热的规律（如热流与时间的关系），而对加热热流的绝对值要求不严，因此，这一类瞬态实验方案中，测量热流的任务轻一些，甚至可以不进行热流绝对值的测量。另一类瞬态法实验，则需要测量被研究表面的热流；而不是像稳态法中那样，利用稳态热平衡的原理，由加热器的加热量来量度被测表面的热流。由此可见，在瞬态法中，热损失及其修正的任务也变得不那么重要了。无论是哪一类瞬态实验，其实验布局均较稳态实验方案复杂得多。因为在稳态实验方案中，只要保证实验模型的边界条件满足理论模型的要求就足够了。而在瞬态实验中，除要保证实验模型与理论模型的初始条件一致性以外，还要保证实验模型边界条件随时间的变化规律与理论模型一致，再加之瞬态参数测量与数据处理的特点，这将给瞬态实验的布局带来很大的困难。由于以后的章节还将对瞬态法进行专门论述，故这里不再深入讨论。

从以上的讨论中可以看到，设计传热实验方案的两大主要任务是：

①如何保证实验模型满足理论模型的要求；

②如何准确地测量理论模型中所规定的参数。

因此，不论是分析已有实验设备的优劣，还是根据要求设计新的实验设备，都必须首先从以上这两个基本点出发，至于工艺性、造价、结构等等，都是从属的。

2.2　热电偶温度计与电阻温度计的制造与标定

2.2.1　实验目的

热电偶温度计与电阻温度计是当前工程技术中应用最广泛的两种温度计。传热实验学首先要掌握这两种温度计的原理、性能、使用技术与制作方法。

2.2.2　温差热电偶

温差热电偶(简称热电偶)是目前温度测量中应用最广泛的温度传感元件之一,是以热电效应为基础的测温仪表。它用热电偶作为传感器,把被测的温度信号转换成电势信号,经连接导线再配以测量毫伏级电压信号的显示仪表来实现温度的测量。

热电偶测温的优点是结构简单、制作方便、价格低廉、测温范围宽、热惯性小、准确度较高、输出的温差电信号便于远距离传送、可实现集中控制和自动测试。流体、固体及其表面温度均可用它来测量,所以它在工业生产和科学研究、空调与燃气工程中应用广泛。

1. 热电偶测温的基本原理

(1)热电偶的热电效应

热电偶作为温度传感器其所依据的原理是,1823 年塞贝克发现的热电效应。当两种不同的导体或半导体 A 和 B 的两端相接成闭合回路,就组成热电偶,如图 2.1 所示。如果 A 和 B 的两个接点温度不同(假定 $T > T_0$),则在该回路中就会产生电流,这表明该回路中存在电动势,这个物理现象称为热电效应或塞贝克效应,相应的电动势称为塞贝克电势。显然,回路中产生的热电势大小仅与组成回路的两种导体或半导体 A,B 的材料性质及两个接点的温度 T, T_0 有关,热电势用符号 $E_{AB}(T,T_0)$ 表示。

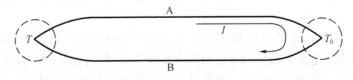

图 2.1　热电效应示意图

（2）热电偶工作原理

组成热电偶的两种不同的导体或半导体称为热电极；放置在被测温度为 T 的介质中的接点称为测量端（或工作端、热端）；另一个接点通常置于某个恒定的温度 T_0（如 0 ℃），称为参比端（或自由端、冷端）。

在热电偶回路中，产生的热电势由两部分组成，即温差电势和接触电势。

①温差电势

温差电势是同一导体两端因其温度不同而产生的一种热电势。由物理学电子论的观点可知，当一根均质金属导体 A 上存在温度梯度时，处于高温端的电子能量比低温端的电子能量大，所以，从高温端向低温端扩散的电子数比从低温端向高温端扩散的电子数多得多，结果高温端因失去电子而带正电，低温端因得到电子而带负电，在高、低温两端之间便形成一个从高温端指向低温端的静电场

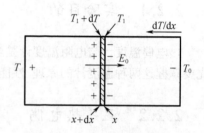

图 2.2　温差电势原理

电势 E_0，如图 2.2 所示。这个静电场将阻止电子进一步从高温端向低温端扩散，并加速电子向相反的方向转移而建立相对的动态平衡。此时，在导体两端产生的电位差称为温差电势，用符号 $E_A(T,T_0)$ 表示导体 A 在其两端温度分别为 T 和 T_0 时的温差电势，括号中温度 T 和 T_0 的顺序决定了电势的方向，若改变这一顺序，也要相应改变电势的正负号，即 $E_A(T,T_0) = -E_A(T_0,T)$。

温差电势 $E_A(T,T_0)$ 可表示为

$$E_A(T,T_0) = \frac{K}{e} \int_{T_0}^{T} \frac{1}{N_A(T)} d[N_A(T) \cdot T] \qquad (2-5)$$

同理，导体 B 在其两端温度分别为 T 和 T_0 时产生的温差电势 $E_B(T,T_0)$ 可写为

$$E_B(T,T_0) = \frac{K}{e} \int_{T_0}^{T} \frac{1}{N_B(T)} d[N_B(T) \cdot T] \qquad (2-6)$$

式中　$E_A(T,T_0)$，$E_B(T,T_0)$——导体 A 和 B 在两端温度分别为 T 和 T_0 时的温差电势；

　　　　e——电子电荷量，$e = 1.602 \times 10^{-19}$ C；

　　　　K——玻耳兹曼常数，$K = 1.38 \times 10^{-23}$ J/K；

　　　　N_A，N_B——导体 A 和 B 的电子密度，均为温度的函数。

上述两式表明温差电势的大小只与导体的种类及导体两端温度 T 和 T_0 有关。

②接触电势

接触电势是在两种不同的导体相接触处产生的一种热电势。由物理学电子论的观点可知，任何金属内部由于电子与晶格内正电荷间的相互作用，使得电子在通常温度下只作不规则的热运动，而不会从金属中挣脱出来。要想从金属中取出电子就必须消耗一定的功，这个功称为金属的逸出功。当两种不同的金属导体 A，B 连接在一起时，其接触处将会发生自由电子扩散的现象，其原因之一就是两种金属的逸出功不同。假如金属导体 A 的逸出功比 B 的小，电

子就比较容易从金属 A 转移到金属 B;另一原因是两种金属导体的自由电子密度略有不同,假如金属导体 A 的自由电子密度比 B 的自由电子密度大,在单位时间内由金属 A 扩散到金属 B 的电子数就要比由金属 B 扩散到金属 A 的电子数多。在上述情况下,金属 A 将因失去电子而带正电,金属 B 则因得到电子而带负电。于是在金属导体 A,B 之间就产生了电位差,即在其接触处形成一个由 A 到 B 的静电场 E_s,如图 2.3 所示。

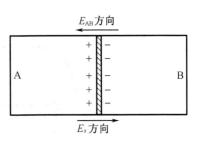

图 2.3　接触电势原理

这个静电场将阻止电子扩散继续进行,并加速电子向相反的方向转移。当电子扩散的能力与静电场的阻力相平衡时,接触处的自由电子扩散就达到了动平衡状态。此时 A,B 之间所形成的电位差称为接触电势,其数值不仅取决于两种不同金属导体的性质,还和接触处的温度有关。用符号 $E_{AB}(T)$ 表示金属导体 A 和 B 的接触点在温度为 T 时的接触电势,其下标 AB 的顺序代表电位差的方向,如果改变其下标顺序,电势的正负符号也应改变,即 $E_{AB}(T) = -E_{BA}(T)$。

接触电势 $E_{AB}(T)$ 可用下式表示

$$E_{AB}(T) = \frac{KT}{e}\ln\frac{N_A(T)}{N_B(T)} \tag{2-7}$$

同理,导体 A 和 B 的接触点温度为 T_0 时的接触电势 $E_{AB}(T_0)$ 可表示为

$$E_{AB}(T_0) = \frac{KT_0}{e}\ln\frac{N_A(T_0)}{N_B(T_0)} \tag{2-8}$$

式中　T,T_0——金属导体 A 和 B 接触点的温度,K;

$N_A(T),N_B(T)$——金属导体 A 和 B 在温度为 T 时的电子密度;

$N_A(T_0),N_B(T_0)$——金属导体 A 和 B 在温度为 T_0 时的电子密度。

式(2-7)与式(2-8)表明,接触电势的大小与两种导体的种类及接触处的温度有关。

③热电偶回路的热电势

综上所述,当两种不同的均质导体 A 和 B 首尾相接组成闭合回路时,如果 $N_A > N_B$,而且 $T > T_0$,则在这个回路内,将会产生两个接触电势 $E_{AB}(T)$ 和 $E_{AB}(T_0)$ 与两个温差电势 $E_A(T,T_0)$ 和 $E_B(T,T_0)$,如图 2.4 所示。

热电偶回路的热电势 $E_{AB}(T,T_0)$ 为

$$E_{AB}(T,T_0) = E_{AB}(T) + E_B(T,T_0) - E_{AB}(T_0) - E_A(T,T_0)$$

$$= \frac{KT}{e}\ln\frac{N_A(T)}{N_B(T)} + \frac{K}{e}\int_{T_0}^{T}\frac{1}{N_B(T)}\mathrm{d}[N_B(T)\cdot T] -$$

$$\frac{KT_0}{e}\ln\frac{N_A(T_0)}{N_B(T_0)} - \frac{K}{e}\int_{T_0}^{T}\frac{1}{N_A(T)}\mathrm{d}[N_A(T)\cdot T] \tag{2-9}$$

将式(2-9)整理后可得

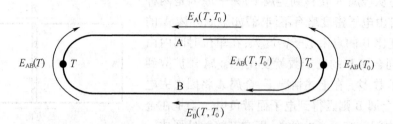

图 2.4　热电偶回路电势

$$E_{AB}(T, T_0) = \frac{K}{e} \int_{T_0}^{T} \ln \frac{N_A(T)}{N_B(T)} \mathrm{d}T \qquad (2-10)$$

由于温差电势比接触电势小，而又有 $T > T_0$，所以在总电势 $E_{AB}(T, T_0)$ 中，以导体 A，B 在 T 端的接触电势 $E_{AB}(T)$ 所占的比例最大，总电势 $E_{AB}(T, T_0)$ 的方向将取决于 $E_{AB}(T)$ 的方向。在热电偶的回路中，因 $N_A > N_B$，所以导体 A 为正极，B 为负极。

式 $(2-10)$ 表明，热电势的大小取决于热电偶两个热电极材料的性质和两端接点的温度。因此，当热电极的材料一定时，热电偶的总电势 $E_{AB}(T, T_0)$ 就仅是两个接点温度 T 和 T_0 的函数差，可表示为

$$E_{AB}(T, T_0) = f_{AB}(T) - f_{AB}(T_0) \qquad (2-11)$$

如果能保持热电偶的冷端温度 T_0 恒定，对一定的热电偶材料，则 $f(T_0)$ 亦为常数，可用 C 代替，其热电势就只与热电偶测量端的温度 T 成单值函数关系，即

$$E_{AB}(T, T_0) = f_{AB}(T) - C = \varphi_{AB}(T) \qquad (2-12)$$

这一关系式可通过实验方法获得。在实际测温中，就是保持热电偶冷端温度 T_0 为恒定的已知温度，再用显示仪表测出热电势 $E_{AB}(T, T_0)$，而间接地求得热电偶测量端的温度，即为被测的温度 T。

通常，热电偶的热电势与温度的关系，都是规定热电偶冷端温度为 0 ℃ 时，按热电偶的不同种类，分别列成表格形式，这些表格就称为热电偶的分度表。

2. 热电偶的基本定律

在使用热电偶测量温度时，还必须应用热电偶的基本定律。

（1）均质导体定律

如果只用一种均质导体组成闭合回路，则不论其导体是否存在温差，回路中均不会产生电流（即不产生电动势）；反之，如果回路中出现电流，则恰好证明此导体是非均质的。本定律是校验热电偶材料是否均匀一致的重要依据。

由均质导体定律可得出推论：

①组成热电偶的材料必须是均质导体,否则将会给测量带来附加的误差。因此很有必要根据均质导体定律事先对热电偶进行检测,输出的温差电动势越大,则说明导体材料越不均匀,给测量带来的误差也将越大。

②热电偶必须由两种不同性质的导体或半导体 A,B 组成,否则即使两结点的温度不同,在回路中也不会产生温差电动势。

（2）中间导体定律

在热电偶回路中接入第三、第四种均质材料的导体后,只要中间接入的导体两端具有相同的温度,就不会影响热电偶的热电势。

用中间导体 C 接入热电偶 AB 回路的形式如图 2.5(a)所示。

假定热电偶的 $N_C > N_A > N_B$,$T > T_0$,根据接触电势和温差电势的概念,那么各个电势的方向如图 2.5(b)所示,则热电势回路的总热电势为

$$E_{ABC}(T, T_0) = E_{AB}(T) - E_A(T, T_0) + E_{CA}(T_0) +$$
$$E_C(T, T_0) - E_{CB}(T_0) + E_B(T, T_0) \tag{2-13}$$

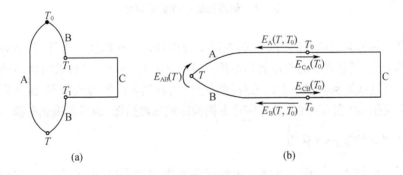

图 2.5　有中间导体的热电偶回路

由于导体 C 两端温度相同,则无温差电势存在,即 $E_C(T, T_0) = 0$,而 CA 与 CB 的接触电势以式(2-8)代入,得

$$E_{CA}(T_0) - E_{CB}(T_0) = \frac{KT_0}{e} \ln \frac{N_B(T_0)}{N_A(T_0)} - \frac{KT_0}{e} \ln \frac{N_C(T_0)}{N_B(T_0)}$$
$$= \frac{KT_0}{e} \ln \frac{N_B(T_0)}{N_A(T_0)}$$
$$= E_{BA}(T_0)$$
$$= -E_{AB}(T_0) \tag{2-14}$$

将式(2-14)代入式(2-13)可得

$$E_{ABC}(T, T_0) = E_{AB}(T) + E_B(T, T_0) - E_{AB}(T_0) - E_A(T, T_0) = E_{AB}(T, T_0) \tag{2-15}$$

式(2-15)与式(2-9)完全相同,可见,当中间导体两端温度相同时,对热电偶回路的热电势没有影响。

这条基本定律十分重要,有了这条基本定律,我们就可以在热电偶回路中引入各种显示仪表和连接导线等,而且也可以采用各种焊接方法来焊制热电偶,只要保证引入的中间导体两端的温度相同,就不致影响热电偶回路的热电势。

（3）中间温度定律

热电偶 AB 在接点温度分别为 T_1,T_3 时的热电势 $E_{AB}(T_1,T_3)$ 等于热电偶 AB 在接点温度分别为 T_1,T_2 和 T_2,T_3 时热电势 $E_{AB}(T_1,T_2)$ 和 $E_{AB}(T_2,T_3)$ 的代数和,如图 2.6 所示,即

$$E_{AB}(T_1,T_3) = E_{AB}(T_1,T_2) + E_{AB}(T_2,T_3) \tag{2-16}$$

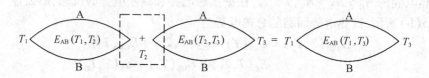

图 2.6　热电偶的中间温度定律

中间温度定律为制定热电偶的分度表奠定了理论基础。根据这一定律,只要列出冷端温度为 0 ℃时的热电势,任意温度的热电势均可按式(2-16)计算求得,这样就可以对热电偶冷端温度进行修正。而且这条基本定律也是工业测温中应用补偿导线的理论依据,因为只要匹配与热电偶的热电性质相同的补偿导线,便可使热电偶的冷端远离热源,而不影响热电偶的测量精度。

3. 热电偶材料的选择与分类

理论上任意两种不同性质的导体均可组成热电偶,但实际上并非如此。它们必须具有:物理和化学性质稳定,温差电特性显著,复现性好,同种材料的电偶之间具有良好的互换性,且不为测温介质所腐蚀,高温下不被氧化;电阻温度系数小,导电率高,组成电偶对输出的温差电动势大,且与温度呈线性或简单的函数关系,以便于提高仪表的灵敏度和准确度,并便于仪表的刻度划分和测量;材质均匀,塑性好,易拉丝,成批生产。

热电偶的分类有几种不同的方法:按照电动势与温度的关系热电偶可分为标准化(常用)热电偶和非标准化热电偶;按材质的不同热电偶可分为金属热电偶、半导体热电偶和非金属热电偶三类;按适用的测温范围热电偶可分为高温热电偶和低温热电偶两类。

（1）标准化(常用)热电偶

定型生产、有统一分度表的通用热电偶称作标准化热电偶。我国目前广泛采用并批量生产的标准化常用热电偶主要有下列四种。

①铂铑$_{30}$ - 铂铑$_6$热电偶

这是一种贵重金属高温热电偶,以铂铑$_{30}$为正极,铂铑$_6$为负极,其分度号为 B。由于其两个热电极都是铂铑合金,提高了它的抗污染能力和机械强度,在高温下其热电特性较为稳定,宜在氧化性和中性环境中使用,在真空中可短期使用。长期使用的最高温度可达 1 600 ℃,短期使用温度可达 1 800 ℃。这种热电偶的热电势及热电势率都很小,因此冷端温度在 40 ℃ 以下使用时,一般不必进行冷端温度的补偿。铂铑$_{30}$ - 铂铑$_6$热电偶分度表见表 2.1。

表 2.1　铂铑$_{30}$ - 铂铑$_6$热电偶分度表

分度号:B　　　　　　　　　　　　　　　　　　　　　　　　　　　　　　　　　（冷端温度为 0 ℃）

测量端温度/℃	0	10	20	30	40	50	60	70	80	90
	热电动势/mV									
0	−0.000	−0.002	−0.003	−0.002	0.000	0.002	0.006	0.011	0.017	0.025
100	0.033	0.043	0.053	0.065	0.078	0.092	0.107	0.123	0.140	0.159
200	0.178	0.199	0.220	0.243	0.266	0.291	0.317	0.344	0.372	0.401
300	0.431	0.462	0.494	0.527	0.561	0.596	0.632	0.669	0.707	0.746
400	0.786	0.827	0.870	0.913	0.957	1.002	1.048	1.095	1.143	1.192
500	1.241	1.292	1.344	1.397	1.450	1.505	1.560	1.617	1.674	1.732
600	1.791	1.851	1.912	1.974	2.036	2.100	2.164	2.230	2.296	2.366
700	2.430	2.499	2.569	2.639	2.710	2.782	2.855	2.928	3.003	3.078
800	3.154	3.231	3.308	3.387	3.466	3.546	3.626	3.708	3.790	3.873
900	3.957	4.041	4.126	4.212	4.298	4.386	4.474	4.562	4.652	4.742
1 000	4.833	4.924	5.016	5.109	5.202	5.297	5.391	5.487	5.583	5.680
1 100	5.777	5.875	5.973	6.073	6.172	6.273	6.374	6.475	6.577	6.680
1 200	6.783	6.887	6.991	7.096	7.202	7.308	7.414	7.521	7.628	7.736
1 300	7.845	7.935	8.063	8.172	8.283	8.393	8.504	8.616	8.727	8.839
1 400	8.952	9.065	9.178	9.291	9.405	9.519	9.634	9.748	9.863	9.979
1 500	10.094	10.210	10.325	10.441	10.558	10.674	10.790	10.907	10.024	11.141
1 600	11.257	11.374	11.491	11.608	11.725	11.842	11.959	12.076	12.193	12.310
1 700	12.426	12.543	12.659	12.776	12.892	13.008	13.124	12.239	13.354	13.470
1 800	13.585	13.699	13.814							

②铂铑$_{10}$ - 铂热电偶

在铂铑$_{10}$ - 铂热电偶中,以铂铑$_{10}$丝为正极,纯铂丝为负极,分度号为 S。铂铑$_{10}$ - 铂热电偶的测量范围为 −20 ~ 1 300 ℃,在良好的使用环境下可短期测量 1 600 ℃;适于在氧化性或中性介质中使用,耐高温,不宜氧化;有较好的化学稳定性;有较高的测量精度,可用于精密温度测量和作基准热电偶。

铂铑$_{10}$ - 铂热电偶分度表见表2.2。

表 2.2　铂铑$_{10}$ - 铂热电偶分度表

分度号:S　　　　　　　　　　　　　　　　　　　　　　　　　　　　　　　（冷端温度为 0 ℃）

测量端温度/℃	0	10	20	30	40	50	60	70	80	90
	热电动势/mV									
0	0.000	0.055	0.133	0.173	0.235	0.299	0.365	0.432	0.502	0.573
100	0.645	0.719	0.795	0.872	0.950	1.029	1.109	1.190	1.273	1.356
200	1.440	1.525	1.611	1.698	1.785	1.873	1.962	2.051	2.141	2.232
300	2.323	2.414	2.506	2.599	2.692	2.786	2.880	2.974	3.069	3.164
400	3.260	3.356	3.452	3.549	3.645	3.743	3.840	3.938	4.036	4.135
500	4.234	4.333	4.432	4.532	4.632	4.732	4.832	4.933	5.034	5.135
600	5.237	5.339	5.442	53544	5.648	5.751	5.855	5.960	6.064	6.169
700	6.274	6.380	6.486	6.592	6.699	6.805	6.913	7.020	7.128	7.236
800	7.345	7.454	7.563	7.672	7.782	7.892	8.003	8.114	8.225	8.336
900	8.448	8.560	8.673	8.786	8.899	9.012	9.126	9.240	9.355	9.470
1 000	9.585	9.700	9.816	9.932	10.048	10.165	10.282	10.400	10.517	10.635
1 100	10.745	10.872	10.991	11.110	11.229	11.348	11.467	11.587	11.707	11.827
1 200	11.947	12.067	12.188	12.308	12.429	12.550	12.671	12.792	12.913	13.034
1 300	13.155	13.276	13.397	13.519	13.640	13.761	13.883	14.004	14.125	14.247
1 400	14.368	14.489	14.610	14.731	14.852	14.973	15.094	15.215	15.336	15.456
1 500	15.576	15.697	15.817	15.937	15.057	16.176	16.296	16.415	16.534	16.653
1 600	16.771	16.890	17.008	17.125	17.243	17.360	17.477	17.594	17.711	17.826
1 700	17.942	18.056	18.170	18.282	18.394	18.504	18.612			

③镍铬 - 镍铝或镍铬 - 镍硅热电偶(WREU 型)

这是一种能测量较高温度的廉价金属热电偶,以镍铬合金为正极,镍铝(或镍硅)合金为负极,其分度号为 K。它具有较好的抗氧化性和抗腐蚀性;其复现性较好;热电势大;热电势与温度关系近似于线性关系;其成本较低,虽然测量精度不高,但能满足工业测温的要求,是工业上最常用的热电偶;其长期使用的最高温度为 1 000 ℃,短期使用的温度可达 1 200 ℃。

④铜－康铜热电偶

这是一种廉价金属热电偶,以铜为正极,康铜为负极,其分度号为 T。因铜热电极极易氧化,一般在氧化性条件中使用不宜超过 300 ℃。这种热电偶的热电势率较大,热电特性良好,材料质地均匀,成本低,但复现性较差。在 －100～0 ℃温度范围内它可作为二等标准热电偶,准确度达 ±0.1 ℃。通常铜－康铜热电偶用于 －200～200 ℃范围内的测温。

(2)非标准化热电偶

铜－康铜热电偶也可作为非标准分度的热电偶并应用较广,它在实验室和科研领域中 －200～200 ℃的测温范围应用十分广泛,尤其是它在低温下具有较好的稳定性,因而在低温测量中备受关注。常温下使用时铜的极性为正,康铜为负(其成分为 60% 铜,40% 镍)。在低于 0 ℃的低温下使用时,则极性相反。

由于康铜丝的热电性能、复现性较差,对于精密测量需对每一对热电偶分别进行标定。其热电势与温度的函数表达式为

$$E_t = at + bt^2 \qquad\qquad (2-17)$$

式中　E_t——测量端温度为 t 时的热电势(参比端为 0 ℃);

　　　a, b——为常数,通常与标准铂电阻温度计在不同温度下比较求得。

4. 热电偶的主要结构形式

(1)铠装式热电偶

这是一种近三十年发展起来的新型热电偶,其断面结构如图 2.7 所示,它由热电偶丝、绝缘材料、金属套管三者组合拉制而成,也称套管热电偶。其特点是:小型化(直径最小可达 0.25 mm),热惯性小,使用方便;时间常数小,露头型铠装热电偶的时间常数仅为 0.05 s,适用于动态温度的测量;机械性能好,且可做成各种形状,以满足复杂对象的温度测量。表 2.3 给出了最常用的热电偶技术资料。

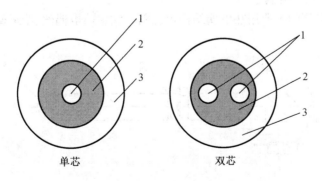

单芯　　　　　　　双芯

图 2.7　铠装式热电偶断面结构

1—热电偶丝;2—绝缘材料;3—金属套管(即外壳)

表 2.3　最常用的热电偶技术资料

热电偶名称	分度	热电极材料			20 ℃时电阻率/($\Omega \cdot mm^2/m$)	100 ℃时电势/mV（参比端0 ℃）	使用温度/℃		允许误差/℃			
		极性	识别	化学成分			长期	短期	温度/℃	允许误差	温度/℃	允许误差
铂铑－铂		正	较硬	90%Pt 10%Rh	0.24	0.643	1 300	1 600	≤600	±2.4	>600	±0.4%t
		负	较软	100%Pt	0.16							
镍铬－镍硅和镍铬－镍铝		正	不亲磁	9%～10%Cr,0.4%Si,其余Ni	0.68	4.10	1 000	1 300	≤400	±4	>400	±0.75%t
		负	稍亲磁	2.5%~3%Si,Co≤0.6%其余Ni	0.25～0.38							
铜－康铜		正	红色	100%Cu	0.017	4.26	300	300	－200～－40	±2%t	－40～400	±0.75%t
		负	银白色	60%Cu 40Ni	0.49							

（2）工业用插入式热电偶

图 2.8 所示是典型的工业用热电偶结构示意图。它由热电偶丝、绝缘套管、保护套管以及

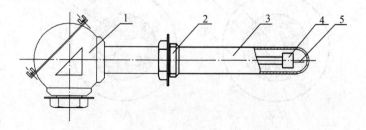

图 2.8　热电偶结构

1—接线盒;2—固定螺丝;3—保护套管;4—绝缘套管;5—热电极

接线盒等部分组成,主要用于测量气体、蒸汽和液体等介质的温度。根据测温范围和环境气氛不同,选择的热电偶和保护套管也不同。按安装时连接形式工业用插入式热电偶可分为螺纹连接和法兰连接两种,按使用状态的要求其又可分为密封式和高压固定螺纹式插入式热电偶。

(3)薄膜热电偶

它是由两种金属薄膜制成的一种特殊结构的热电偶。薄膜的制作方法有许多种,如真空蒸镀、化学涂层和电泳等。其测量端既小又薄,约为数百埃到数千埃(1 埃 = 10^{-10}米 = 10^{-4}微米)。测量端的热容量很小,可以用于微小面积上的温度测量,且响应快,其时间常数可达微秒级,因而可测瞬变的表面温度。其次,它的尺寸小,不会造成被测流体通路的堵塞。薄膜热电偶的结构有三种:片状热电偶、针状热电偶,以及将热电极材料直接蒸镀在被测表面的热电偶。片状结构的低温薄膜热电偶常用的有铁 – 康铜、铜 – 康铜和铁 – 镍等,其测温范围为 $-200 \sim 300\ ℃$。铁 – 镍薄膜热电偶的外形及温度与热电势关系曲线如图 2.9 所示,其热电势率为 0.032 mV/℃,时间常数 $T < 0.01$ s,薄膜厚度在 $3 \sim 6\ \mu m$ 之间。

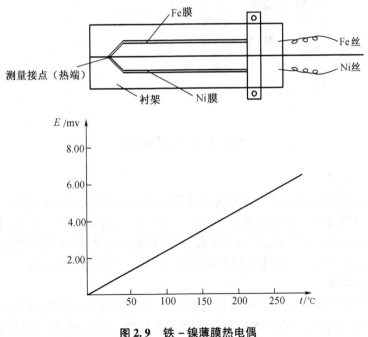

图 2.9　铁 – 镍薄膜热电偶

5. 热电偶的冷端补偿

由热电偶测温原理已经知道,只有当热电偶的冷端温度保持不变时,热电势才是被测温度的单值函数。在实际应用时,往往热电偶的热端与冷端离得很近,冷端又曝露于空间,容易受到周围环境温度波动的影响,因而冷端温度难以保持恒定。为此常采用下述几种冷端温度补偿或处理方法。

(1)冰浴法

在实验室条件下常将热电偶冷端置于冰点恒温槽中,使冷端温度恒定在 0 ℃时进行测温,这种方法称为冰浴法。测量时将热电偶的热电极冷端分别插入冰点恒温槽中两根玻璃试管的底部,并与底部存有少量清洁的水银相接触,如图 2.10(a)所示。水银上面应存放少量蒸馏水(或变压器油),最好用石蜡封口,以防止水银蒸汽逸出。插入水银的冷端分别通过铜导线接至温度显示仪表。温度显示仪表或测量仪表可以看作铜导线,而且铜导线与热电偶的热电极相接的两接点温度均在 0 ℃。根据中间导体定律,可以认为图 2.10(b)与(c)的线路等效。

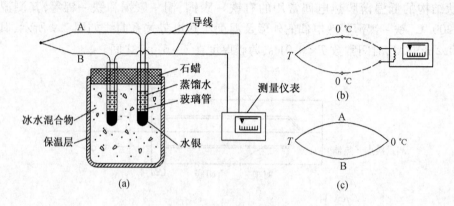

图 2.10　冰浴法接线图

(2)冷端温度修正

热电偶分度表是以冷端温度为 0 ℃为基础而制成的,所以如欲直接利用分度表根据显示仪表的读数求得温度必须使冷端温度保持 0 ℃。如果冷端温度不为 0 ℃,则必须对仪表指示值进行修正,例如冷端温度恒定在 $T_0 > 0$ ℃时,则测得的热电势将小于该热电偶的分度值,因此为了求得所测的真实温度,可利用 $E(T,0) = E(T,T_0) + E(T_0,0)$ 进行修正。

(3)冷端补偿导线

用补偿导线代替部分热电偶丝作为热电偶的延长部分,使冷端移到离被测介质较远的地方,如图 2.11 所示,这样可节省较多的贵金属热电偶材料。必须注意补偿导线的热电特性与所取代的热电偶丝一样。

表 2.4 列出了各种热电偶补偿导线的材料,选用时一定注意不要搞错。同时注意,对于具有补偿导线的热电偶,其冷端温度应该是补偿导线的末端温度。

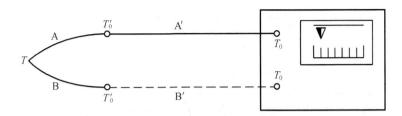

图 2. 11   补偿导线在测温回路中的连接

表 2. 4   常用热电偶补偿导线

热电偶名称	补偿导线				工作端为 100 ℃冷端为 0 ℃时的标准热电势/mV
	正极		负极		
	材料	颜色	材料	颜色	
铂铑 - 铂	铜	红	镍铜	白	0.64 ± 0.03
镍铬 - 镍硅	铜	红	康铜	白	4.10 ± 0.15
镍铬 - 康铜	镍铬	褐绿	康铜	白	6.95 ± 0.30
铜 - 康铜	铜	红	康铜	白	4.10 ± 0.15

(4)冷端补偿器

上面讲到的热电偶测温可用补偿导线把冷端移到温度较稳定的地方,但不能保持其冷端温度的恒定,用查分度表方法计算热电势也不方便,而采用冷端补偿器即可解决矛盾。其原理是利用不平衡电桥所产生的不平衡电压来补偿热电偶参考端温度变化而引起的热电势的变化。图 2.12 是补偿器接入热电偶回路的原理图。补偿器由一电桥组成,$R_1 = R_2 = R_3 = 1\ \Omega$,用锰铜丝绕制,电阻值不随温度变化。$R_4$ 用铜丝绕制,电阻值随温度变化。国产冷端补偿器的平衡温度有 0 ℃和 20 ℃两种。当冷端平衡温度为 20 ℃时使 $R_4 = 1\ \Omega$,R_5 作为调压电阻,在配用不同分度表号的热电偶时,可调整补偿器供电电压。桥路供电电压为直流 4 V。当温度为 20 ℃时,因为 $R_1 = R_2 = R_3 = R_4$ 所以电桥平衡,故 A,B 两端没有电压输出。当温度不等于 20 ℃时,a,b 两端就会有一个不平衡电压 E_{ab} 输出,另外将指示仪表的机械零位调整在 + 20 ℃的位置(即预设机械零位电势 E_{20}),因而指示仪表的总电势就等于热电偶的热电势、补偿电势和机械零位电势的代数和,而后两项之和实际是冷端温度相对于 0 ℃的热电势,如果指示仪表直接按温度刻度,则仪表所指示的即是被测物体的温度。这种方法主要用于工业测量仪表中。根据所配用的热电偶可按有关规定选用不同型号的冷端补偿器。

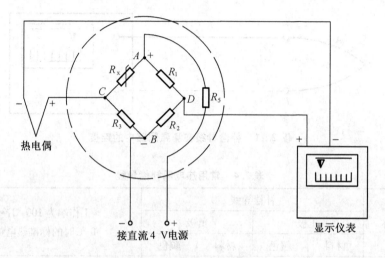

图 2.12　冷端温度补偿器线路

6. 热电偶的选择、安装使用和校验

应该根据被测介质的温度、压力、介质性质、测温时间长短来选择热电偶和保护套管。安装点要有代表性,安装方法要正确。通常要求将热电偶安装在管道的中心线位置上,并使热电偶的测量端面向流体,以便热端与被测介质充分接触,提高测量的准确度,尽可能测得介质的真实温度。

热电偶要定期校验,校验的方法是用标准热电偶与被校验热电偶在同一校验炉或恒温水槽中进行对比。

7. 热电偶测温误差分析

热电偶的测温误差主要由下列因素引起。

①热电偶的非均匀性分度误差:由于电偶材料粗细不均匀或不纯等原因,会使热电偶的电性与统一的分度表产生一定误差,此误差不应超过有关标准。

②因冰水不纯使热电偶冷端(即参比端)达不到真正的冰点(0 ℃)而引起误差。因此对于精密测量,要求用纯净水制成的冰和水。

③热电偶由于长期处于高温环境会氧化变质,致使其热电性能发生变化而引起误差。

④热电偶的极间、电偶对之间及其与大地间不良的绝缘或测量仪表精度不高等都会造成热电势的损失而影响测量的精确性。

8. 热电势的测量

在热电偶回路中由于贝塞克效应所产生的热电势 E,可以用高阻类型动圈式等仪表来直接测量。通过仪表的电流 i 为

$$i = \frac{E}{R_G + R_E} \tag{2-18}$$

式中　R_G——仪表的内阻;

　　　R_E——外电路的电阻。

为了使重复性好,R_G 和 R_E 必须保持与校准时相同的数值,如果调换仪表,应当检查校准时的数值。热电势也可用数字式电压表进行直接测量,这些仪表都具有高输入阻抗,因此在热电偶测量回路中,R_G 比 R_E 大得多,使得 R_E 的变化对测量影响很小。

用动圈式仪表直接测量电势时,通常测量精度不高,且在相当大的程度上受到环境温度变化的影响。因此,用电位差计间接测量电势得到广泛地应用。下面将介绍电位差计的构造原理及其测量方法。电位差计的工作原理是根据平衡法(也称补偿法、零值法)将被测电势与已知标准电势相比较,当两者的差值为零时,则被测电势就等于已知的标准电势。最简单的电位差计原理如图2.13 所示。

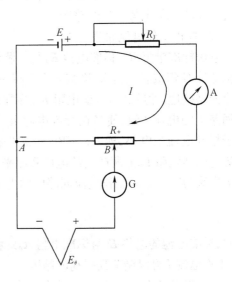

图 2.13　最简单的电位差计原理图

(1)工作电流回路

它由工作电池 E、可变电阻 R_J、电流表 $A(mA)$ 与测量标准电阻 R 组成。这一回路的作用是,根据电流表 A 的指示值,通过可变电阻 R_J 来调节工作电流回路中的工作电流 I,使其达到规定值。这样,在测量标准电阻 R 上的每一部分电阻的电压降即为已知。

(2)测量回路

测量回路是由热电偶 E_θ 与检流计 G 的串联线路,通过测量标准电阻 R 上的滑动触点 B 并联到工作电流回路组成。热电偶的正极接电阻 R 上的正极 B 点,热电偶负极接线路 A 点,使测量回路中的检流计指示值为零,即测量回路中没有电流通过。此时标准电阻 R_{AB} 上的电压降与热电偶的热电势 E_θ 达到平衡状态,两个电势相等,即

$$E_\theta = IR_{AB} \tag{2-19}$$

因为 R_{AB} 与 I 是已知的,所以未知值热电偶的热电势 E_θ 即可求得。

应用平衡法测量电势,由于测量回路中无电流通过,所以被测电势的测量值不会因测量回路导线电阻变化而产生误差,这是电位差计测量电势的独特优点。但电位差计测量结果的准确性取决于工作电流回路中的测量标准电阻与电流的准确度及检流计的灵敏度。在工作电流回路中用电流表测量的电流值不可能十分精确,为确保工作电流值的高精度,又引入了校准工作电流回路。图 2.14 为具有校准工作电流回路的直流电位差计测量热电势原理线路图。

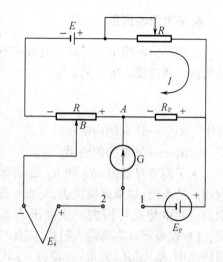

图 2.14　电位差计测量热电势原理线路图

(3)校正工作电流回路

它由标准电阻 R_P、标准电池 E_P 及与测量回路公用的检流计 G 组成。当开关 K 接入"1"端时,校准工作电流回路接通,然后调节可变电阻 R_J,亦即调节工作电流回路中的电流 I 值,使其在标准电阻 R_P 上的电压降等于标准电池的电势,即 $E_P = IR_P$,也就是标准电池的电势与标准电阻 R_P 上所产生的电压降相平衡,此时,检流计指示为零值,即校准工作电流回路中的电流为零。这时工作电流回路中的电流为

$$I = \frac{E_P}{R_P} \qquad\qquad (2-20)$$

式中,标准电池的电势 E_P 与标准电阻 R_P 的精确度都很高,所以在应用高灵敏度检流计的条件下,工作电流 I 可以调节到很高的精度。

随后将开关 K 接入 2,这时校准工作电流回路断开,测量回路接通,再滑动电阻 R 上的动触点,当检流计 G 指示为零时,测量回路中电流等于零,说明热电偶的热电势 E_θ 为

$$E_\theta = IR_{AB} \qquad\qquad (2-21)$$

将式(2-20)代入式(2-21)得

$$E_\theta = \frac{E_P}{R_P} R_{AB} \qquad\qquad (2-22)$$

式(2-22)中 E_P,R_{AB},R_P 的精确度都很高,所以热电势的测量值也可获得很高的精度。以上所述就是用平衡法测量热电势的基本工作原理。

电位差计有许多型号,但不论线路如何复杂,都可以将其归纳为由上述三个基本回路所组成。

2.2.3 利用热-电阻效应的温度测量

大多数金属的电阻值随温度而变化,温度升高,电阻增加。碳是例外,它的电阻值随温度增加而减小,还有锰铜合金也是略有减小的,当使用要求不高时,可认为电阻值基本不变,大多数电解质、半导体和绝缘体的电阻值随温度升高而减小。热电阻温度计则是利用金属或半导体材料的电阻率随温度变化的原理而制成的。

目前常用的热电阻有金属热电阻和半导体热敏电阻两大类。其中金属铂热电阻(WZB型)的测量范围是 -200～600 ℃(650 ℃);铜热电阻(WZG 型)的测量范围是 -50～150 ℃;此外,空调系统中还常用镍电阻,其温度测量范围介于铂、铜之间。另外,还有用于低温和超低温测量的铟电阻、锰电阻和碳电阻。目前,半导体热敏电阻的测量范围在 -55～300 ℃左右。

1. 金属热电阻

金属铂可以制成高纯的状态,且具有稳定的电阻-温度关系,是制造热电阻的理想材料,故铂热电阻广泛应用于工业和实验室中,铜和镍价格低廉,也在工业电阻温度计中使用。表 2.5 和图 2.15 表示这几种金属在不同温度下的相对电阻值与曲线。与铂相比,镍更为灵敏,而铜的线性更好,但两者在稳定性等方面都有一定的缺点。

表 2.5　三种金属的相对电阻-温度数值表

温度/℃	电阻/Ω		
	铂	镍	铜
-200	0.18	0.23	—
-100	0.60	0.54	—
-50	—	—	0.79
0	1.00	1.00	1.00
50	—	—	1.22
100	1.39	1.60	1.44
150	—	—	1.67
200	1.77	2.34	1.90
250	—	—	2.14
300	2.14	3.23	—
350	—	3.80	—
400	2.49	—	—
500	2.83	—	—
600	3.20	—	—

在 $-200 \sim 650$ ℃温度范围内金属铂热电阻的相对电阻 R_θ 与温度 θ 的关系可用下式表示

$$R_\theta = 1 + A\theta + B\theta^2 + C(\theta - 100)\theta^3 \qquad (2-23)$$

式中 A, B, C——由实验确定的常数,当 $\theta \geq 0$ 时,$C = 0$。

对于纯铜丝,在 $-50 \sim +150$ ℃温度范围内,因它的高次方系数很小,所以电阻与温度的关系基本上是线性的,可以用下式描述

$$R_\theta = 1 + \alpha\theta \qquad (2-24)$$

式中,α 为在 $-50 \sim +150$ ℃温度范围内的电阻温度系数,$\alpha = 4.25 \times 10^{-3}$/℃ $\sim 4.28 \times 10^{-3}$/℃(铂的电阻温度系数在 $0 \sim 100$ ℃之间的平均值为 3.9×10^{-3}/℃)。

各种热电阻的基本结构大致相似,一般由感温元件、绝缘套管、保护管和接线盒等主要部件组成。图2.16(a)所示为 WZB 型热电阻的构造。铂热电阻(WZB型)的感温元件是铂丝绕组,如图 2.16(b)所示。它是由直径为 $\phi 0.03 \sim \phi 0.07$ mm 的纯铜丝绕在云母制成的片形架上组成的。

铂热电阻的感温元件可以做成双支式的,双支式热电阻主要用于两个显示仪表同时测量、记录或调节同一地点温度的场合。

铜热电阻的(WZG 型)的感温元件是一个铜丝绕组(包括锰铜补偿部分),如图 2.17 所示。它由直径约为 $\phi 0.13$ mm 的绝缘铜丝双绕在棒形塑料骨架上。

热电阻主要技术特性为:

①热电阻的精度等级及其他参数见表 2.6。

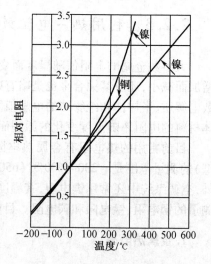

图 2.15 金属电阻元件的相对电阻 – 温度数值

表 2.6 电阻值及精度等级

分度号	0 ℃时的电阻值/Ω	电阻比(R_{100}/R_0)	精度等级	0 ℃时的电阻值允许误差/%（基本误差）
B_{A1}	46.00	1.3910 ± 0.0007	I	± 0.05
B_{A1}	46.00	1.3910 ± 0.001	II	± 0.1
B_{A2}	100.00	1.3910 ± 0.0007	I	± 0.05
B_{A2}	100.00	1.3910 ± 0.001	II	± 0.1
G	53.00	1.425 ± 0.001	II	± 0.1
G	53.00	1.425 ± 0.002	III	± 0.1

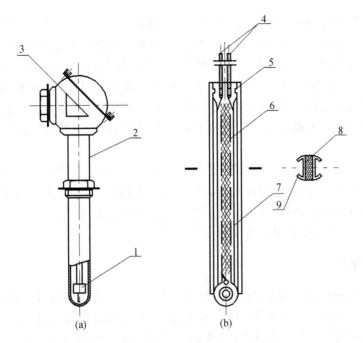

图 2.16　WZB 型热电阻构造示意图

1—感温元件;2—保护管;3—接线盒;4—银导线;5—瓷管;

6—铂丝;7—夹持片;8—绝缘片;9—骨架

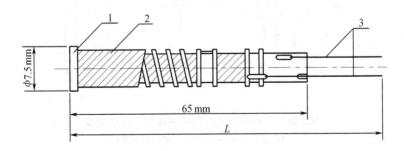

图 2.17　WZG 型铜热电阻结构示意图

1—塑料骨架;2—铜电阻丝;3—铜引出线

②热电阻的时间常数(热惯性)分为:大热惯性的时间常数在 1.5 ~ 4.0 min 之间;一般热惯性的时间常数在 10 s ~ 1.5 min 之间;小热惯性的时间常数不超过 10 s。时间常数系指被测对象自某一温度阶跃变化到另一温度时,热电阻感温元件达到整个温度变化范围的 36.8% 的

瞬时值所需要的时间。

　　一般热电阻温度计适用于中、低温测量,在空气调节工程的自动调节系统中常用作感温元件。因为它与热电偶相比具有灵敏度高的优点,易于提高测量的精度,减小测温误差。更适用于空气调节工程这种热惯性大的常温测量对象。而热电偶在测量低温时信号较小,例如镍铬 – 考铜热电偶在 50 ℃时只有 3.47 mV,要制造 0 ~ 50 ℃小量程的电位差计比较困难,再加上冷端温度变化及环境温度变化而引起的误差显得更加突出,不易全补偿,要获得较高的测量精度就更困难了。因此,在中、低温区内,对于热惯性较大的测温对象,一般用热电阻温度计测温更为合理。

　　但对于温度波动较大,时间常数较小的测温对象,由于热电阻热惯性较大,在两者的热惯性不能相匹配的情况下,就会造成较大的动态误差,这时热电偶就能发挥其热惯性小的长处。对于常温测量,热电偶所配用的显示仪表要求有很高的灵敏度,并要配上较高要求的冷端温度补偿环节,以减小环境温度变化所造成的相对误差。

2. 半导体热敏电阻

　　热敏电阻是一种具有很高电阻温度系数的半导体元件,它多由锰、镍、铜、钴、铁等金属氧化物的混合物烧结而成。典型的热敏电阻有圆盘形、杆形和珠形等,如图 2.18 所示。它的性能稳定,结构紧凑,质地牢固。温度系数取决于配料中各种金属氧化物的配比。圆珠形热敏电阻质量小,时间常数小,并且有结构简单等优点,应用较广。

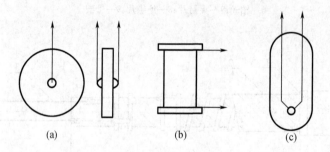

图 2.18　金属电阻元件的相对电阻 – 温度数值

(a)圆盘形;(b)杆形;(c)玻璃封壳的珠形

　　半导体热敏电阻一般具有很高的负电阻温度系数,其值比一般金属电阻的温度系数大得多。以氧化镁和氧化镍配料构成的热敏电阻为例,其电阻温度系数在 25 ℃时为 $-4.4 \times 10^{-2}/℃$。而金属铂的电阻温度系数为 $0.39 \times 10^{-2}/℃$。如图 2.19 中的曲线 1 所示,从 -100 ℃至 $+400$ ℃,热敏电阻阻值的变化为 $10^7:1$。而铂电阻的阻值(曲线 2)变化与热敏电阻相比就小得多。从图 2.19 中可以看出热敏电阻的阻值与温度的关系具有非线性的特性。

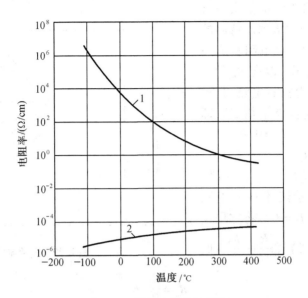

图 2.19　热敏电阻的电阻率

对于大多数热敏电阻,其电阻 R_T 与温度 T 的关系可表示为

$$R_T = R_{T_0} e^{B\left(\frac{1}{T} - \frac{1}{T_0}\right)}\qquad\qquad(2-25)$$

式中　R_T——温度为 $T(K)$ 时的电阻值,Ω;

　　　R_{T_0}——温度为 $T_0(K)$ 时的电阻值,Ω;

　　　e——常数,$e = 2.718$;

　　　B——常数,其值与半导体材料的成分及制造工艺有关,RC - 4 热敏电阻,工作温度在
　　　　　 $25 \sim 50$ ℃ 时,$B \approx 3\ 515$ K。

　　在相同温度下,半导体热敏电阻的电阻温度系数大,使它比金属热电阻具有更大的输出信
号。因此它更适用于中、低温测量。精密测量时,在测量电桥中,常用具有高阻值的半导体热
敏电阻。这种方法可以达到 0.000 5 ℃ 的灵敏度。半导体热敏电阻具有高阻值,因此引线电
阻对测量的影响可以忽略。

　　目前,半导体热敏电阻的互换性已有改进,可以作为显示与调节仪表配套的感温元件,它
具有灵敏度高,热惯性小,便于远距离测量等优点。

3. 电阻的测量

　　最简单的电阻测量电路是由指零的平衡电桥所构成。一种通常用来测量电阻的直流电桥
如图 2.20 所示。它可以在温度测量系统中测出极微小的电阻变化。电桥由一个直流电动势

E 提供电源,AC 两端的电位差由一可变电阻 R_V 调整到适当的数值。待测的热电阻和与其相连的导线电阻构成一个桥臂电阻,以 R_θ 表示。改变 R_θ 的电阻值,直至检流计 G 上没有电流,指示(即在 $V_{BD}=0$ 时)电桥就平衡了。即 $V_{AB}=V_{AD}$ 和 $V_{BC}=V_{DC}$,且 $I_G=0$,则

$$I_1 R_1 = I_3 R_3 \qquad (2-26)$$

或

$$I_2 R_2 = I_\theta R_\theta \qquad (2-27)$$

在平衡时,因为通过检流计 G 的电流 $I_G=0$,所以 $I_1=I_2$ 和 $I_3=I_\theta$。将方程式 $(2-26)$ 除以式 $(2-27)$,得 $\dfrac{R_1}{R_2}=\dfrac{R_3}{R_\theta}$,即

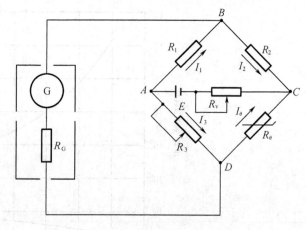

图 2.20　直流电桥

$$R_\theta = \frac{R_2}{R_1} \cdot R_3 \qquad (2-28)$$

R_3 是一标准可变电阻,R_1,R_2 为已知的标准电阻,把平衡时所得的 R_3 值代入式 $(2-28)$ 中,就可算出待测的热电阻 R_θ 的大小。

在采用热电阻的温度测量系统中,还可采用如图 2.21 所示的自动平衡电桥。BD 两端的电压或电流输出作为偏差信号而输入到控制系统,控制系统拖动 R_3 上滑动触点的机械连接装置,改变 AD 桥臂的电阻值,直到偏差信号消失,亦即电桥达到平衡为止。读数可以直接指示被测电阻值,也可按温度单位进行刻度。

在平衡电桥中,电源电压的变化不直接影响测量的结果,这可从公式 $(2-28)$ 中看出,它既不包含外加电压,也不包含电流,这是它的最大优点。平衡电桥是具有较高精确度的仪表,但是,平衡过程很麻烦,即使自动地完成,也不能是瞬时的。对于快速变化信号的测量或测量精度要求不高的场合,还可利用电桥 BD 两端不平衡而产生的电压或电流输出作为热电阻变化的一种量度。这种电桥称为不平衡电桥,如图 2.22 所示。

这种电桥三个桥臂 R_1,R_2,R_3 都是固定电阻,第四个桥臂为热电阻 R_θ。A,C 两端接

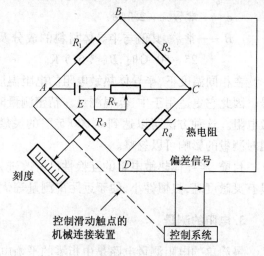

图 2.21　自动平衡电桥

以电源 E，用可变电阻 R_V 调节电压使 V_{AC} 为确定值，且在测量过程中恒定不变。B，D 两端接入电流表 G，其内阻为 R_G。假使被测温度为 0 ℃时，为电桥初始状态，且此时电桥处于平衡状态。当被测温度升高时，由于热电阻 R_θ 电阻值的增大，就破坏了电桥的平衡，从而在 B，D 两端产生不平衡电压，电流表 G 中即有电流 I_G 通过。被测温度越高，电桥的不平衡程度越大，这时电流表的指针偏转也越大。通过电流表的电流 I_G 可用下式表示

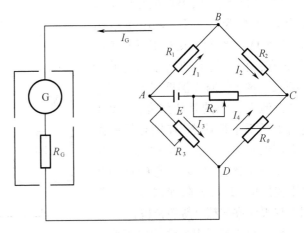

图 2.22　输出电流信号的不平衡电桥

$$I_G = \frac{V_{AC}(R_1 R_\theta - R_2 R_3)}{R_G(R_3 + R_\theta)(R_1 + R_2) + R_1 R_2(R_3 + R_\theta) + R_3 R_\theta(R_1 + R_2)} \qquad (2-29)$$

在指定的电桥中，电阻 R_1，R_2，R_3 和 R_G 是不变的，且在工作过程中，电压 V_{AC} 也维持不变。在这种情况下，由方程式（2-29）可见，I_G 只是 R_θ 的单值函数，因此，电流表 G 可按温度进行刻度。另外，因为 I_G 与 V_{AC} 成正比，所以，在测量过程中应严格维持 V_{AC} 不变，否则会带来测量误差。

不平衡电桥在测量过程中，不需调节桥臂电阻值，因此，它与平衡电桥相比，有较好的动态响应，但这类仪表因受到电流表精度和电源电压稳定度等的限制，一般测量精度不高，主要适用于工程中的温度测量。

在实际测温中，电桥与热电阻一般用铜导线连接，铜导线的电阻值随温度而变化，如连接导线较短，可忽略其阻值变化时，则采用上述二线制连接。如连接导线较长，由于导线电阻的变化量较大，而给测量带来较大的误差时，工业上常采用三线制连接以减少这种影响。所谓三线制连接法如图 2.23 所示。

这样可以将两根导线的电阻 R_L 分别接入两个相邻的桥臂中，当环境温度变化时，所引起的电阻变化相互补偿而不影响电桥的平衡状态。电桥平衡时有

$$\frac{R_1}{R_2 + R_L} = \frac{R_3}{R_\theta + R_L}$$

即

$$R_\theta = \frac{R_2 R_3}{R_1} + \left(\frac{R_3}{R_1} - 1\right) R_L \qquad (2-30)$$

从式（2-30）可知，当桥臂电阻 $R_1 = R_3$ 时，消除了环境温度变化对测量的影响。一般规

定每根连接导线的线路电阻与外接调整电阻之和为 2.5 Ω，即外接电阻 $R_L = 2.5$ Ω。三线制连接对于不平衡电桥，只有在仪表刻度的始点电桥处于平衡状态时才使附加温度误差得到全补偿。但在仪表的其他刻度点，由于电桥处于不平衡状态，连接导线的附加温度误差依然存在。不过由于采用了三线制连接，在仪表规定的使用条件下使用时，其最大附加误差可以控制在仪表允许的精度等级范围内。

接电源的第三根导线的电阻变化主要影响 A, C 两端点间的电压，此时可以通过可变电阻 R_V 进行调节。

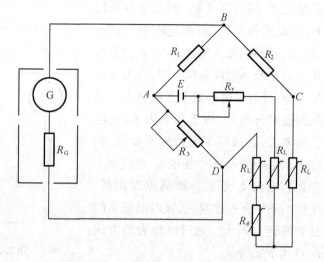

图 2.23　电桥与热电阻的三线制连接

对于半导体热敏电阻，由于它的阻值大，且灵敏度很高，一般不需进行引线补偿，多采用简单的二线制连接。

2.2.4　实验设备和仪表

1. 恒温器

温度计的标定是在恒温器中进行的，对于 5 ~ 95 ℃ 的温度范围是在水浴恒温器中进行的；对于 100 ~ 300 ℃ 的温度范围是在油浴(用汽缸油、变压器油或透平油)恒温器中进行的；对于 300 ~ 500 ℃ 的温度范围是在盐浴(硝酸钠的混合物)恒温器中进行的；对于 500 ℃ 以上的高温校验则是在专门的管形电炉中进行的。

(1)水浴恒温器

水浴恒温器为圆筒形的，外有保温材料，桶内装有蒸馏水，内有搅拌器使水温均匀，加热器浸在水里，由点接点温度计控制，保持恒温。

(2)油浴恒温器

油浴恒温器用得较多，其外壳为一圆桶，内有一小圆桶，夹层内充有保温材料，以减少热量损失，小圆桶中盛有 20 ~ 30 kg 的绝缘性好、沸点高的油料，内有螺旋桨搅拌器，其功用是使温度均匀。圆桶内有两个镍铬电加热器浸放在油中，大功率的加热器作温升之用，小功率的加热器作为控制保持恒温之用，亦可调节自耦变压器的输出电压来保持恒温。

恒温器使用说明详见附录 5。

2. 自耦调压变压器

自耦调压变压器与普通变压器在构造上不同,它只有一个线圈,故称自耦变压器,或称自感变压器。

如图 2.24 所示的变压器,整个线圈 n_1 匝作为初级绕组,而它的一部分 n_2 匝作为一次绕组,这部分的线圈既是次级绕组又是初级绕组的一部分,它同时起着初、次级两个绕组的作用。由此可见,其作用原理与普通变压器相同。

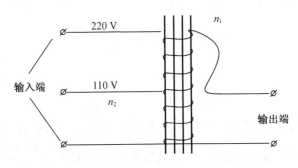

图 2.24　自耦变压器原理图

在变压器的输入端通常有三个接线柱,这样就可以适用于 220 V 和 110 V 的电源。输出端的一个接线柱与输入端的一个接线柱相连接,这个接线柱希望与电源的地线相连,以免发生事故。输出端的另一个接线柱与碳刷相连接,可以在线圈上滑动的这种自耦变压器叫自耦调压变压器。

3. 用毫伏计测量热电势

热电偶所产生的热电势除了前面讲到的用电位差计测量外,还有一种比较简单的测量方法,即采用高灵敏度的毫伏计来测量。毫伏计的优点是结构简单,坚固耐用,价格便宜。图 2.25 示出了这种测量电路。

磁电式毫伏计的测量机构主要由可动部分与永久磁铁组成。可动部分的框架(非磁性材料)上绕有一个多匝线圈,当仪表与热电偶接通,线圈内有电流通过时,永久磁铁的磁场和线框所产生磁场的相互作用而产生转动力矩,因而可动部分发生偏转,直到游丝所产生的反力矩与之相等才获得新的平衡。可

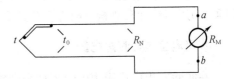

图 2.25　毫伏计测热电势测量电路图

动部分装有指针,因而可将被测热电势值在刻度盘上指示出来。

但是用毫伏计测量热电势的准确性较差。下面分析用毫伏计测量热电势时可能发生的

误差。

在上述电路中,由热电势产生的电流为

$$I = \frac{E(t_1, t_2)}{R_M + R_N + R_T} \qquad (2-31)$$

式中, R_M, R_N, R_T 分别为毫伏计、连接线和热电极所具有的电阻。

在毫伏计接线柱 a, b 上的电压为

$$U_{ab} = IR_M = E(t, t_0) - I(R_N + R_T) \qquad (2-32)$$

将式(2-31)中的 I 值代入式(2-32)中,得

$$U_{ab} = E(t, t_0) \cdot \frac{R_M}{R_M + R_N + R_T} \qquad (2-33)$$

由此可得

$$E(t, t_0) = U_{ab} + U_{ab} \cdot \frac{R_N + R_T}{R_M} \qquad (2-34)$$

由此可见,毫伏计测得的电压 U_{ab} 并不等于热电势 $E(t, t_0)$,而要比热电势低,且差值为 $U_{ab} \cdot \frac{R_N + R_T}{R_M}$ 。若毫伏计的电阻值比 $R_N + R_T$ 大的倍数愈多,则 $U_{ab} \cdot \frac{R_N + R_T}{R_M}$ 的值愈小。因此,毫伏计总是做成相当高的电阻值的。另一方面,若 R_N 和 R_T 的值愈小,则 $U_{ab} \cdot \frac{R_N + R_T}{R_M}$ 也愈小。为此,希望 R_N 和 R_T 的值尽量的小。

实际上,热电偶温度计的毫伏计刻度时就已经考虑了线路中的电压降 $I(R_N + R_T)$,即在毫伏计测得电压 U_{ab} 的时候,指针刻度就刻成 $E(t, t_0)$ 。当然这样做是有条件的,即线路电阻 $R_N + R_T$ 在毫伏计刻度时与应用时必须相等,所以,毫伏计上都印有"外接电阻××欧姆"的字样,要求使用者所采用的 $R_N + R_T$ 满足这个数值,看起来这个矛盾似乎解决了,但是又产生了新的矛盾,电阻 R_M, R_N 和 R_T 的值都是随温度变化的,所以这个缺点就成为不可克服的。

例如,有一铂铑-铂热电偶,在毫伏计刻度时,导线和毫伏计都是在 20 ℃ 下进行的,热电偶插入炉内深度为 0.325 m。在应用时,毫伏计和导线处于 40 ℃,热电偶插入炉内深度为 1 m,此时,热电偶发生的热电势对应温差为 1 000 ℃,但在毫伏计上只能读到 961.6 ℃。由此可见,利用毫伏计来测量热电势不能达到很高的准确度。

4. 用电位差计测热电势

在实验室中广泛应用电位差计来准确测量热电偶产生的热电势,本实验采用的数字电位差计的使用方法详见附录8。

5. 用电位差计测电阻

用电位差计测电阻,简单、方便且准确度高,因此在工程上和实验室中得到广泛地应用。

用电位差计测量温度计电阻值的线路如图 2.26 所示,图中 R_P 用来调节工作电流的电阻, R_N 为标准电阻, R_t 电阻温度计, E 为产生工作电流 I 的电源。

标准电阻 R_N 和电阻温度计 R_t 串联接在同一电源的电路内,为了减小测量误差,所选用标准电阻 R_N 的数值应尽可能接近温度计的电阻 R_t 的数值。在此电路中,电流的强度是用调节变阻器 R_P、按照标准电阻 R_N 上所产生的电位差来整定,使其保持不变,利用切换开关的变换,分别测得标准电阻 R_N 上电位差 U_N 和电阻温度计上的电位差 U_t,则 $U_N = I \cdot R_N$; $U_t = I \cdot R_t$。消去 I,可得

$$R_t = R_N \frac{U_t}{U_N} \qquad (2-35)$$

通过温度计的电流会使温度计的受热程度比所测介质的温度还要高一些,因此电流 I 应当尽可能地减小,电流 I 的大小通常不超过 10 mA。

用电位差计测量温度计的电阻值时,为了能得

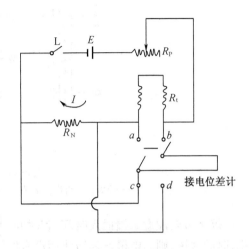

图 2.26　用电位差计来测量温度计电阻值的线路图

到更高的测量准确度,有时要采用改换极间的切换开关,结果就可以得到两个读数,由这两个读数可以求出算术平均值。利用改换极间的切换开关,就有可能消除因仪表或温度计电路内所产生的附加热电势而引起的误差。

2.2.5　实验操作

国家产品中能够买到的热电偶或电阻温度计都是供给工业上测量液体或气体的温度计,为了满足强度的需要,这些元件造得较大。在实验室中若要求精度较高的温度测量或要求测量固体表面温度时,这些温度计就无法满足测量要求,这时需要自己动手来制作热电偶。

1. 热电偶的焊接

热电偶的接点一般采用熔焊的方法来制作,下面分别介绍石墨电炉焊接、水银焊接和电容焊接。

(1)石墨电炉焊接

焊接设备线路如图 2.27 所示。它由自耦变压器、石墨电炉及连接导线等组成。将两根不同的热电极丝用砂纸去掉表面氧化物,焊接端扭成麻花状,端部剪齐,把两根热电极丝夹紧在与地端相连的引出线的夹子上,转动自耦变压器手轮,使自耦变压器的输出电压在 35 V 左右,而后将电极丝插入石墨粉内,由于短路产生的电弧使两根热电极丝插入端熔结。

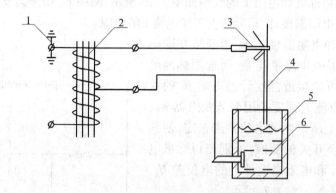

图 2.27　石墨焊法示意图

1—电源；2—自耦变压器；3—焊夹；4—热电偶；5—石墨电炉；6—石墨

焊接时要注意掌握插入时间，若时间太长，熔结点会因电极丝继续熔化而掉落，并增加氧化；时间太短，则因电极丝未熔化而没有熔结。自耦变压器的输出电压，应根据焊接时的具体情况作适当调整。

（2）水银焊接

焊接设备线路同图 2.27，只不过是将石墨电炉换成了玻璃缸，缸内盛水银，水银上面覆盖一层油用以阻止水银蒸发。水银焊接的基本操作步骤同石墨电炉焊接。由于水银的导电性比石墨强，故其焊接电压可稍低些，水银焊接的速度要比石墨电炉焊接快，焊接点的质量要比用石墨电炉焊接得好。

（3）电容焊接

焊接设备线路如图 2.28 所示。220 V 的交流电压由自耦变压器降压后，经桥式整流后得到直流电。当切换开关 K 使 ab 接通，则电容充电；当切换开关使 cd 接通，由于接在接线柱 1，

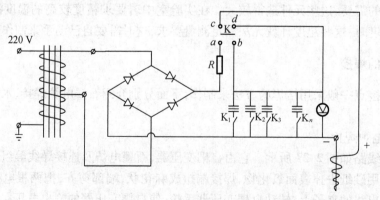

图 2.28　电容焊接设备线路图

2 上的两根电极丝短路,故电容充电,电极丝的触点因短路产生电弧而熔结。

焊接时的直流电压可通过转动自耦变压器的手轮来调节,电容的容量也由专门的分路开关调节。焊接时若直流电压较高,则电容的容量应小些;直流电压比较低,则电容的容量应选得大些。电阻 R 为限流电阻,其功用是保护直流电压表。

热电偶的接点焊好以后,需进行质量检查,看焊接点是否有裂缝、假焊等现象,否则须重新焊接。

2. 电阻温度计的制作

测量介质温度用的电阻温度计是用很细的(一般为 0.1 mm)铜丝或铂丝绕在云母、石英或瓷质的绝缘骨架上做成的。将铂丝绕在架子上时应注意在温度改变时要使金属丝不受到拉力,并且完全不受任何机械的应力,因为拉力会改变金属的电阻值。用云母做的架子是做成十字架形的,在边缘上有锯齿形的缺点。

测量圆管表面温度用的电阻温度计,是用漆包线密绕在石英管或瓷质管表面上做成的。电阻温度计的引出线一般都比电阻温度计的感温元件的导线粗,以减小接线电阻。

3. 热电偶温度计连接

(1)多路热电偶测温转换开关接线

按图 2.29 所示接线示意图将所焊接好的热电偶及公共冷端连接好,接上电位差计,检验测量线路是否正确,直到正确为止。

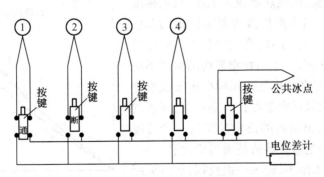

图 2.29　多路热电偶测温转换开关接线示意图

(2)热电偶测温与温差转换开关连接

在测量中有时涉及到测量多点温度,其转换开关连接方法如图 2.30 所示。

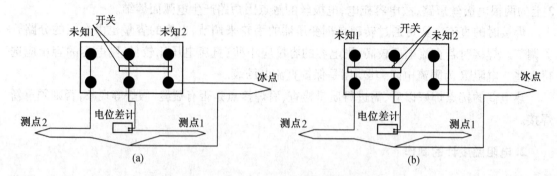

图 2.30　热电偶测温与温差转换开关连接示意图

(a)测测点 1 温度;(b)测测点 1 与测点 2 温差

4. 热电偶温度计和电阻温度计的标定

温度计的标定都是在专门的恒温器内进行。下面介绍热电偶和电阻温度计在水浴恒温器中的标定。

首先把标准水银温度计(在计量局用一级电阻温度计,在一般实验室条件下用二级标准水银温度计)插入水浴恒温器中,而后再插入准备好的热电偶温度计或电阻温度计,接好测量热电势或电阻的仪表线路,并检查无误。做好上述准备工作后,首先开动搅拌器(即循环泵),然后再合上两个加热器开关,使电热器投入工作,根据标准水银温度计的指示,当水温快接近要求标定的温度时,大功率的加热器停止工作,在达到要求的温度后(在读表所必需的时间内,水浴恒温器内的温度不应当超过 ±0.1 ℃的变化),首先读出标准水银温度计的指示值,而后读出被标定温度计的指示值,读表的次数应不少于 4 次,由所得的读数求出每一个温度计的算术平均值,并把这些数值精确到估读值。

在各种不同的水温下,记录一组数据,在坐标纸上绘出 $E-t$ 曲线,如图 2.31 所示。

数据记录表格见附录表 A – 10。

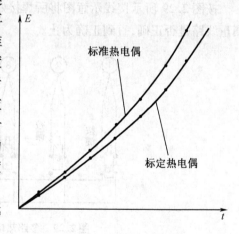

图 2.31　$E-t$ 曲线

2.3 球体法测粒状材料的导热系数

2.3.1 实验目的

球体法测粒状材料的导热系数是基于等厚度球状壁的一维稳态导热过程,它特别适用于粒状松散材料。通过本实验的操作,要求掌握球体法测粒状材料导热系数的方法。

2.3.2 实验原理

由磁饱和稳压器输出端引出的交流电压,经自耦变压器调压后作为电热器的电源,当系统达到稳定状态时,由电热器发出的热量都将通过两铜球中间的绝热材料层而排入周围环境。电热器发出的热量按下式计算

$$\phi = UI \qquad (2-36)$$

图 2.32 所示球壁的内外直径分别为 d_1 和 d_2(半径分别为 r_1 和 r_2)。设球壁的内外表面温度分别维持为 t_1 和 t_2,并稳定不变。将傅里叶导热定律应用于此球壁的导热过程,得

$$\phi = -\lambda A \frac{\mathrm{d}t}{\mathrm{d}r} = -\lambda \cdot 4\pi r^2 \frac{\mathrm{d}t}{\mathrm{d}r} \qquad (2-37)$$

边界条件为

$$\begin{cases} r = r_1, \ t = t_1 \\ r = r_2, \ t = t_2 \end{cases}$$

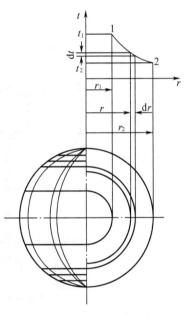

图 2.32 球壁导热过程

由于在不太大的温度范围内,大多数工程材料的导热系数随温度的变化可按直线关系处理,对式(2-37)积分并代入边界条件,得

$$\phi = \frac{\pi d_1 d_2 \lambda_m}{\delta}(t_1 - t_2) \qquad (2-38)$$

或

$$\lambda_m = \frac{\phi \delta}{\pi d_1 d_2 (t_1 - t_2)} \qquad (2-39)$$

式中　δ——球壁厚度,$\delta = (d_2 - d_1)/2$,m;

λ_m——$t_m = (t_1 + t_2)/2$ 时球壁材料的导热系数,W/(m·K)。

因此,实验时应测出内外球壁的温度 t_1 和 t_2,球壁导热量 ϕ(由球内加热器产生),以及球壁的几何尺寸 d_1 和 d_2,然后可由式(2-39)得出 t_m 时材料的导热系数 λ_m。

测定不同 t_m 下的 λ_m 值,就可获得导热系数随温度变化的关系式。

2.3.3　实验设备及仪表

1. 装置线路图

球体导热仪本体结构及测量系统示意图如图2.33所示。

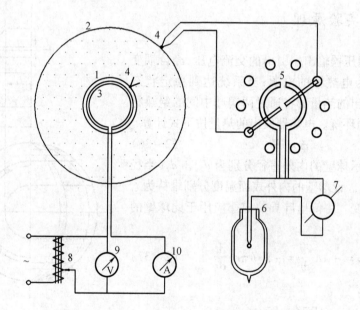

图 2.33　球体导热仪本体结构及测量系统示意图

1—内球壳;2—外球壳;3—电加热器;4—热电偶;5—转换开关;6—0 ℃保温瓶;
7—电位差计;8—调压变压器;9—电压表;10—电流表

2. 设备及仪表

(1)磁饱和稳压器

提供稳压电源,其工作原理是基于铁磁材料的非线性特性,如图2.34所示。在截面较大的铁芯上绕有初级绕组 W_1(输入),在截面较小的铁芯上绕有次级绕组 W_2。当 W_1 中通过激磁电流 I 时所产生的磁通在截面面积较小的 W_2 中趋于饱和,这时输入电压升高或降低,W_2 输出电压的相应变化比输入的变化小。

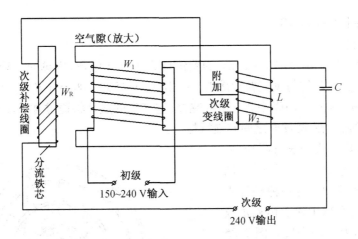

图 2.34　磁饱和稳压器的工作原理图

为了提高稳压器的性能,在有空气隙的铁芯上绕有补偿绕组 W_R 与 W_2 相串联,但二者产生的电动势方向相反,即

$$u_{输出} = u - u_k \qquad\qquad (2-40)$$

因为空气隙的存在,这个分流铁芯不会饱和,所以 u 随着输入电压作相应的波动,由于 u_k 具有很强的负反馈作用,使输出电压更加稳定。

在这种电路中,电感量很大,因而功率因数很低。为了消除这一缺陷,将 W_2 和附加绕组串联起来,形成电感 L,再和电容 C 并联,组成一个 LC 谐振回路,它的谐振频率刚好是电源的频率(即 50 Hz),这样,既提高了功率因数,又促进了次级铁芯的饱和,进一步提高了稳压作用。

(2)自耦变压器

用于调节电热器工作电压。

(3)交流电压表

用于测量电加热器所用的电压。

(4)交流电流表

用于测量电加热器消耗的电流。

(5)水银温度计

用于测量室温。

(6)标准电池

用于电位差计稳定工作电流。

(7)检流计

用于零值指示。

（8）电位差计

用于测量热电偶的热电势。

（9）圆球导热仪

圆球导热仪本体由两个厚 1～2 mm 的紫铜球壳 1 和 2 组成，内球壳外径为 d_1，外球壳内径为 d_2。在两球壳之间均匀填充粒状散料。一般 d_2 为 150～200 mm，d_1 为 70～100 mm，故填充材料厚为 50 mm 左右。内壳中装有电加热器，它产生的热量将通过球壁填充材料到达外球壳。为使内外球壳同心，两球壳之间有支撑杆。

外球壳的散热方式一般有两种：一种是以空气自由流动方式（同时有辐射）将热量从外壳带走；另一种是外壳加装冷却液套球，套球中通以恒温水或其他低温液体作为冷却介质。图 2.35 为双水套球结构示意图。为使恒温液套球的恒温效果不受外界环境温度的影响，在恒温液套球之外再加装一保温液套球。保温液套球内通的工质及温度与恒温液套球一致。

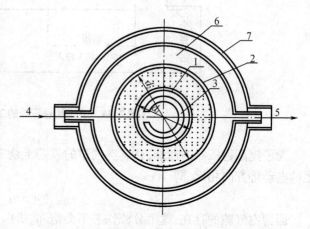

图 2.35　双水套球结构示意图

1—内球壳；2—外球壳；3—电加热器；4，5—恒温水进出口；
6—恒温水套；7—保温水套

两种冷却方式各有其特点。采用空气自然冷却，球体结构简单，操作容易，不需要其他附加的冷却设备。但由于空气自由流动换热系数很小，球壳温度不均匀，在正常条件下（内壳加热均匀，外界空气无扰动），外球壳的空气自由流动局部换热系数沿球壳由下而上逐渐降低，故外球壳温度将由下而上逐渐增高。因此需要在外球壳均匀地埋设几对热电偶，以测取外壳的平均温度。在室内无温度调节的情况下，外壳散热还将受室内环境温度波动的影响。室内人员走动、风等都会对球壳表面空气自由流动产生干扰。上述因素都不利于在待测材料内建立一维稳态温度场。对于粒状保温材料，由于导温系数一般较低，达到稳态的时间比较长（5～10 h）。

采用恒温液套球时，虽然设备结构和系统复杂一些，但由于冷却介质可有几种选择（水、低沸点工质、液态空气等），外壳温度可在较大范围内控制和调节，从而可测得更宽温度范围内的导热系数。强制循环着的液体换热系数大，球壳冷却均匀，因此只需用一对热电偶测量恒温液体的温度，该温度即作为外球壳的温度。液体套球的温度不受室内温度波动的影响，这对于在待测材料中建立一维稳态导热过程是有利的。

利用球体导热仪的设备亦可测量材料的导温系数。

2.3.4   实验方法及数据整理

①球壁腔内的试验材料应均匀地充满整个空腔。充填前注意测量球壳的直径,充填后应记录试料的质量,以便准确记录试料的容积质量(kg/m^3)。装填试料还应避免碰断内球壳的热电偶及电源线,并特别注意保持内外球壳同心。

②改变电加热器的电压,即改变导热量,t_m 将随之发生变化,从而可获得不同 t_m 下的导热系数。对于有恒温液套冷却的导热仪,还可通过改变恒温液温度来改变实验工况。实验应在充分热稳定的条件下记录各项数据。

③由式(2 - 39)计算导热系数。以 λ 为纵坐标、t 为横坐标将测量结果标绘在坐标纸上。按 $\lambda = \lambda_0(1 + bt)$ 整理,确定 λ_0 及 b 值,进一步计算实验点与代表线之间的偏差及实验中的各项误差。

2.3.5   思考题

1. 试分析试料充填不均匀所产生的影响?

2. 试分析内外球壳不同心所产生的影响?

3. 内外球壳之间有支撑杆,试分析这些支撑杆的影响?

4. 如采用空气自由流动冷却球体,试分析室内空气不平静(有风)时会产生什么影响?

5. 采用什么方法来判断、检验球体导热过程已达热稳定状态。

6. 采用恒温液套球时,为什么可以把恒温液的温度当作外球壳的表面温度?

7. 球体导热仪在计算导热量时,是否需要考虑热损失的问题?

8. 对于以空气自由流动冷却的球体,试按测得的数据,计算圆球表面自由对流换热系数(从加热功率中减去表面辐射散热量,即为自由对流换热量)。

9. 球体导热仪从加热开始到热稳定状态所需时间取决于哪些因素?

2.4   准稳态法测绝热材料导热系数及比热实验

2.4.1   实验目的

材料的导热系数及比热都是工程传热计算中的重要数据。各种材料的导热系数和比热都是用实验的手段获得的。通过本实验的操作,要求掌握用平板导热仪快速测量绝热材料的导热系数、比热以及用热电偶测量温差的方法。

2.4.2　实验原理

本实验是根据第二类边界条件、无限大平板的导热问题来设计的。设平板厚为 2δ（见图 2.36），初始温度为 t_0，平板两面受恒定的热流密度 q_c 均匀加热。

此时，任一瞬时沿平板厚度方向的温度分布 $t(x,\tau)$ 归结为如下定解问题的求解。

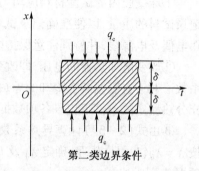

图 2.36　无限大平板导热的
物理模型

导热微分方程：$\quad \dfrac{\partial t(x,\tau)}{\partial t} = a\dfrac{\partial^2 t(x,\tau)}{\partial x^2}$　$(2-41)$

初始条件：$\quad \tau = 0,\ t(x,0) = t_0$　$(2-42)$

边界条件：$\begin{cases} x = \delta, & \dfrac{\partial t(\delta,\tau)}{\partial x} + \dfrac{q_c}{\lambda} = 0 \\[2mm] x = 0, & \dfrac{\partial t(0,\tau)}{\partial x} = 0 \end{cases}$　$(2-43)$

这是一个方程为齐次线性、边界条件为非齐次的一个定解问题，利用分离变量法把边界条件齐次化，最后求得其解为

$$t(x,\tau) - t_0 = \frac{q_c}{\lambda}\left[\frac{a\tau}{\delta} - \frac{\delta^2 - 3x^2}{6\delta} + \delta\sum_{n=1}^{\infty}(-1)^{n+1}\frac{2}{\mu_n^2}\cos\left(\mu_n\frac{x}{\delta}\right)\exp(-\mu_n^2 Fo)\right]$$

$$(2-44)$$

式中　τ——时间，s；

$\quad q_c$——沿 x 方向从端面向平板加热的恒定热流密度，W/m^2；

$\quad a$——平板的导温系数，m^2/s；

$\quad \mu_n$——$\mu_n = n\pi$，$n = 1,2,3$；

$\quad Fo$——傅里叶准则，$Fo = \dfrac{a\tau}{\delta^2}$；

$\quad t_0$——初始温度，℃。

随着时间 τ 的延长，Fo 值变大，式（2-44）中的级数和项愈小。当 $Fo > 0.5$ 时，级数和项变得很小可以忽略，式（2-44）变为

$$t(x,\tau) - t_0 = \frac{q_c\delta}{\lambda}\left(\frac{a\tau}{\delta^2} + \frac{x^2}{2} - \frac{1}{6}\right)$$

$$(2-45)$$

由此可见，当 $Fo > 0.5$ 后，平板各处温度和时间呈线性关系，温度随时间变化的速率是常数，并且到处相同，这种状态称为准稳态。

在准稳态时，平板中心面 $x = 0$ 处的温度为

$$t(0,\tau) - t_0 = \frac{q_c\delta}{\lambda}\left(\frac{a\tau}{\delta^2} - \frac{1}{6}\right) \qquad (2-46)$$

平板加热面 $x = \delta$ 处的温度为

$$t(\delta,\tau) - t_0 = \frac{q_c\delta}{\lambda}\left(\frac{a\tau}{\delta^2} + \frac{1}{3}\right) \qquad (2-47)$$

此两面的温差为

$$\Delta t = t(\delta,\tau) - t(0,\tau) = \frac{1}{2}\cdot\frac{q_c\delta}{\lambda} \qquad (2-48)$$

如已知 q_c 和 δ，再测出 Δt，就可以由式(2-44)求出导热系数

$$\lambda = \frac{q_c\delta}{2\Delta t} \qquad (2-49)$$

实际上，无限大平板是无法实现的，实验总是用有限尺寸的试件。一般可认为，试件的横向尺寸为厚度的六倍以上，两侧散热对试件中心温度的影响可忽略不计，试件两端面中心处温度等于无限大平板时两端面的温度差。

根据热平衡原理，在准稳态时有下列关系

$$q_c \cdot A = c\cdot\rho\cdot\delta\cdot A\cdot\frac{\mathrm{d}t}{\mathrm{d}\tau} \qquad (2-50)$$

式中　A——试件的横截面面积，m^2；

　　　c——比热容，$\mathrm{kJ/(kg\cdot K)}$；

　　　ρ——密度，$\mathrm{kg/m}^3$；

　　　$\dfrac{\mathrm{d}t}{\mathrm{d}\tau}$——准稳态时的温升速率，$^\circ\mathrm{C/s}$。

由式(2-50)可得

$$c = \frac{q_c}{\rho\delta\dfrac{\mathrm{d}t}{\mathrm{d}\tau}} \qquad (2-51)$$

用式(2-51)可求出试件的比热容，实验时 $\dfrac{\mathrm{d}t}{\mathrm{d}\tau}$ 以试件中心处为准。

2.4.3　实验装置、设备及仪表

1. 实验装置

按上述理论模型设计的实验装置如图2.37所示。

2. 实验设备及仪表

（1）稳压器
提供稳压电源。
（2）电流表
测量加热器内通过的电流。
（3）UJ－33 电位差计
用于测量热电偶产生的热电势。
（4）平板导热仪
由试件、加热器、绝热层及热电偶
组成。

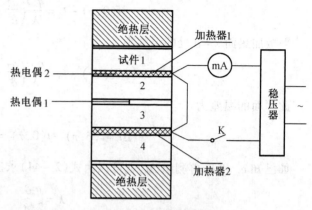

图 2.37　实验装置图

①试件：该试件尺寸为 100 mm ×
100 mm × δ，共四块，尺寸完全相同，δ = 13 ~ 16 mm，每块上下要平行，表面要平整。

②加热器：采用高电阻康铜箔平面加热器，康铜箔厚度仅为 20 μm，加上保护箔的绝缘薄膜，总厚度只有 70 μm，电阻值稳定，在 0 ~ 100 ℃ 范围内几乎不变。加热器面积和试件的面积相同，都是 100 mm × 100 mm 的正方形。两个加热器的电阻值应尽量相同，相差应在 0.1% 以内。

③绝热层：用导热系数比试件小得多的材料作绝热层，力求减少通过它的热量，使试件 1，4 与绝热层的接触面接近绝热。

④热电偶：利用热电偶测量试件两面的温差及试件 2，3 接触面中心处的温升速率。热电偶由 0.1 mm 的康铜丝制作，热电偶冷端放在冰瓶中，保持零度。实验时，将四个试件叠放在一起，分别在试件 1 和 2 及试件 3 和 4 之间放入加热器 1 和 2，试件和加热器要对齐，热电偶的放置如图 2.38 所示，热电偶测温头要放在试件中心部位。放好绝热层后，适当加以压力以保持各试件之间接触良好。

2.4.4　实验步骤

①用卡尺测试件的尺寸、面积 A、厚度 δ。

②按图 2.37 放好试件、加热器和热电偶，接好电源，接通稳压器，预热电源 10 min（注：此时开关 K 是打开的）。

③校对电位差计的工作电流，将测量转换开关转至"未知 1"，测出试件在加热前的温度，此温度应等于室温。再将测量转换开关转到"未知 2"，测出温差，此值应为零热电势，差值最大不得超过 4 μV，即相应温度差不得超过 0.1 ℃。

④接通加热器开关 K，给加热器通以恒定电流（实验过程中，电流不允许变化，此数值事先

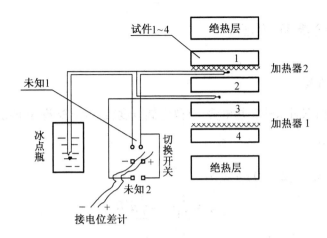

图 2.38 热电偶接线示意图

经实验确定),同时启动秒表,每隔 1 min 测出 1 个数值,奇数值时刻(1 min,3 min,5 min,…)测未知 2 端热电势的微伏数,偶数值时刻测未知 1 端热电势值,经一段时间后(随所测材料而不同,一般在 10 ~ 20 min)系统进入准稳态,未知 2 端热电势的数值保持不变,此即式(2 - 49)中的温差 Δt,记录下电流值。

⑤第一次实验结束,将加热器开关 K 切断,取下试件及加热器,用电扇将加热器吹凉,待与室温平衡后,才能继续实验。试件不能连续做实验,必须经过四个小时以上的放置,与室温平衡后才能进行下一次实验。

⑥实验全部结束必须断开电源,一切恢复原状。

2.4.5 实验数据记录

①室温 t_0,℃。
②加热器电流 I,A。
③加热器电压 U,V。
④加热器电阻(两加热器电阻的平均值)R,Ω。
⑤试件截面尺寸 A,m^2。
⑥试件厚度 δ,m。
⑦试件材料密度 ρ,kg/m^3。
⑧热流密度 q_0,W/m^2。
⑨热电势数值 E,μV,可以在附录 11 中记录未知 1 与未知 2 两端的热电势。

2.4.6　实验数据处理

1. 确定准稳态温差

根据测出的准稳态时未知 2 热电势,查热电偶分度表,得出温差 Δt 的值。

2. 计算热流密度

根据实验原理,将式(2-50)变换为

$$q_c = \frac{1}{2A}UI = \frac{1}{2A}I^2R \qquad (2-52)$$

3. 计算导热系数 λ

可按式(2-49)计算。

4. 误差分析

根据有关资料查得有机玻璃导热系数 $\lambda = 0.18$ W/m·K,计算测量误差并分析误差产生原因。

5. 确定准稳态时的温升速率$\frac{\mathrm{d}t}{\mathrm{d}\tau}$, ℃/s

根据测出的准稳态时未知 1 热电势,查热电偶分度表(附录 2),查出对应 5 组温度,拟合出温度随时间的变化关系式:

$$t = a\tau + b \qquad (2-53)$$

计算温升速率

$$\frac{\mathrm{d}t}{\mathrm{d}\tau} = a \qquad (2-54)$$

6. 计算比热容 c

计算比热容 c,可按式(2-51)计算。

7. 误差分析

查阅有机玻璃比热为 $c = 1.549$ kJ/kg·K,计算测量误差并分析误差产生原因。

第3章　对流实验

3.1　对流的实验研究

3.1.1　对流换热实验研究的内容

对流换热是流体与固体表面之间的换热过程,它是十分复杂的流体力学和传热学问题。分析求解对流换热问题,实际上是联立求解包括由连续方程、动量方程、能量方程和换热方程构成的微分方程组。如果考虑气体的压缩性,则尚需加入状态方程。一般情况下,给定单值性条件后,分析求解上述微分方程组,原则上是可行的;但是,对于实际的换热过程,不论是分析求解,还是数值求解都具有很大的难度,有时甚至是不可能的。所以,对流换热问题经常要借助于实验求解。对流换热的影响因素十分复杂,即便是实验求解,仍有很大难度,所以,在对流换热实验中,还要借助于相似理论。

对流换热实验研究的主要目标是实验求解换热系数(或努谢尔特数)的规律或求解其温度分布规律。但是,对流换热与流动问题紧密相关,为揭示对流换热规律的物理机制,对流换热实验研究常常与相应的对流规律研究结合在一起。实验求解对流换热的准则关系式,同样可以采用稳态法和瞬态法两种方法。在稳态法实验中,有充分的时间对实验参数进行测量,对实验结果可以进行较细致的误差分析,因此,稳态法数据有:较高的可信度。瞬态法由于节省时间、费用低等优点,越来越受到人们的重视,近年来得到很大的发展。

3.1.2　关于对流换热系数

根据牛顿冷却公式

$$q = h\Delta t \tag{3-1}$$

式中,Δt 为流体与固体表面之间的温差。

式(3-1)并没有从根本上解决对流换热问题,它只是把求解热流 q 的问题转化为求解一定工况下的换热系数 h 的问题,而该式并不能表明换热系数的数值及其诸影响因素的关系。实际上,式(3-1)只是一个换热系数 h 的定义式,即

$$h = q/\Delta t \tag{3-2}$$

换热系数沿换热表面未必是常数,所以,有时需要试验研究局部换热系数的分布规律,有

时需要求解平均换热系数。由式(3-2)可知,局部换热系数等于局部面积 dA 上的热流密度除以该处壁温与流体温度之差。比如空气流过无限空间中的平板对流换热,沿平板长度方向上的局部换热系数等于局部热流密度除以当地壁温 t_w 与附面层外未受干扰的空气温度 t_f 之差。但对于有限空间的对流换热,如管内流动的对流换热,流体温度将是位置的函数,这时,局部对流换热系数的定义为

$$h_x = \frac{\mathrm{d}\Phi}{(t_{wx} - \bar{t}_{fx})\,\mathrm{d}A} \tag{3-3}$$

即沿管长 x 处的局部对流换热系数等于 x 处管壁面上热流密度除以 x 处壁温 t_{wx} 与 x 截面上流体平均温度 $\bar{t}_{fx}$ 之差。但是,这样的定义将给实验结果的实际应用带来很大麻烦。因为在应用中,利用式(3-1)来进行热流计算时,不但需要已知对流换热系数,而且还需要已知 $\bar{t}_{fx}$ 沿管长的分布,但后者往往是未知的,它取决于过程本身。流体在有限空间的换热均会出现这种情况。为方便计算,有时在有限空间对流换热中,采用某一已知的流体温度来代替定义式(3-3)中的 $\bar{t}_{fx}$,但这时应注意在实验结果中加以说明,以便他人应用该实验结果时遵照执行。否则,别人无法正确应用这一实验结果。

从相识理论的角度来讲,只要遵照实验时规定的方式选取换热系数中的流体温度,在应用由该实验结果整理的准则方程进行计算时,其计算结果就应该是正确的,而实验时如何选择换热系数定义式中的流体温度无关紧要。因为两个相似的换热现象,温度场必然是彼此相似的,所以,对应位置上的温度差也必然成定比例。因此,人们可以按最方便的方式选择换热系数中的流体温度。因而换热系数的数值将取决于如何选取定义式(3-3)中的温度。在实用中,往往选择单值性条件所规定的流体温度来定义换热系数。

3.1.3 关于平均换热系数

在很多情况下,需要实验求解平均换热系数的规律,这时有两种方法定义平均换热系数。第一种方法是由局部换热系数积分计算平均换热系数,即

$$\bar{h} = \frac{1}{A}\int_A h\,\mathrm{d}A \tag{3-4}$$

对于一维情况,有

$$\bar{h} = \frac{1}{l}\int_l h_x\,\mathrm{d}x \tag{3-5}$$

式中 h_x ——x 位置处的局部换热系数,$W/(m^2 \cdot K)$;

l——试件的长度,m。

这种方法需要首先已知局部换热系数的分布规律,因此,在实验中应测量热流密度在换热表面上的分布规律、壁温的分布规律以及流体温度的分布规律。可见这种方法比较麻烦。第

二种方法是按下式定义平均换热系数

$$\bar{h} = \frac{\bar{q}}{\bar{t}_w - \bar{t}_f} \tag{3-6}$$

式中 $\bar{t}_w$——平均壁温，℃；

$\bar{t}_f$——流体平均温度，℃；

$\bar{q}$——热表面面积 A 的平均热流密度，即 $\bar{q} = \Phi/A$，W/m^2。

3.1.4 关于定性温度

在根据实验数据整理成相应的准则方程式时，这些准则中包括了流体的物性参数，而这些物性参数一般都是温度的函数，因此，在相似的温度场中，也不能保证物性参数场的相似，于是便提出这样的问题，即根据哪个温度确定物性参数的定性温度更合理。虽然定性温度的选择有一些原则，但在很大程度上带有经验的色彩。一般可选用流体的温度、壁温或流体与壁面的平均温度。一旦选定，就必须加以声明，以便应用者遵照执行。

1. 流体的温度

采用流体温度作为定性温度较为普遍，对于物体在自由空间的对流换热，如大空间自然对流、流体掠过平板或绕流圆柱体的对流换热都采用远前方来流温度 t_∞ 作为定性温度。而对于有限空间的对流换热，如管内流体与壁面的对流换热，多数情况下都取流体的平均温度作为定性温度，即进口截面流体质量平均温度与出口截面流体质量平均温度的平均值。截面 A 的流体质量平均温度计算式为

$$\bar{t}_f = \frac{\int_A c_p t \rho u \mathrm{d}A}{\int_A c_p \rho u \mathrm{d}A} \tag{3-7}$$

当 ρc_p 为常数时，则

$$\bar{t}_f = \frac{1}{V} \int_A t u \mathrm{d}A \tag{3-8}$$

式中 V——截面 A 的流体体积流量，m^3/s。

式(3-8)给实验带来一些麻烦，因为实验中还必须测量流体的温度与速度沿进出口截面的分布。在具体实验中，往往利用外部包覆保温材料的混合室，使流体在进出口（主要是出口）的混合室中充分混合，这时可以认为混合室中流体的温度即为该截面的流体平均温度。有两种方法来计算流体进口截面平均温度与出口截面平均温度的平均值 $\bar{t}_f$。一种称为算术平均温度，用于流体温度沿管长变化不大的情况下，即

$$\bar{t}_f = \frac{\bar{t}_{f_1} + \bar{t}_{f_2}}{2} \tag{3-9}$$

式中　$\bar{t}_{f_1}, \bar{t}_{f_2}$——分别为进出口截面流体平均温度，℃。

　　另一种方法是按下式确定流体的平均温度，这种方法用于流体温度沿管长变化剧烈的情况，这时

$$\bar{t}_f = \bar{t}_w + \Delta t_m \tag{3-10}$$

式中　$\bar{t}_w$——平均壁温，℃；

　　　Δt_m——对数平均温差，℃，其表示式为

$$\Delta t_m = \frac{\Delta t_1 - \Delta t_2}{\ln \dfrac{\Delta t_1}{\Delta t_2}} \tag{3-11}$$

式中　$\Delta t_1, \Delta t_2$——分别表示进口截面和出口截面上流体平均温度与壁温的温差（$\bar{t}_{f_1} - t_w$）及（$\bar{t}_{f_2} - t_w$），℃。

2. 壁面温度

　　在某些对流换热的数据整理中，采用换热表面的温度为定性温度，如封闭空间的夹壁自然对流换热，取两壁的平均温度为定性温度，即

$$\bar{t}_w = \frac{\bar{t}_{w_1} + \bar{t}_{w_2}}{2} \tag{3-12}$$

式中　$\bar{t}_{w_1}, \bar{t}_{w_2}$——分别为夹壁冷、热壁面的温度，℃。

　　在一些管内对流换热中，常常除选用流体平均温度作为定性温度外，还选用壁温作为部分物性参数的定性温度（如动力黏性系数 η 和普朗特数 Pr）以修正热流方向或温差的影响，如管内湍流、大温差的对流换热准则方程（齐德－泰特公式）

$$Nu_f = 0.027 Re_f^{0.8} Pr_f^{1/3} \left(\frac{\eta_f}{\eta_w} \right)^{0.14} \tag{3-13}$$

及米海耶夫公式

$$Nu_f = 0.021 Re_f^{0.8} Pr_f^{0.43} \left(\frac{Pr_f}{Pr_w} \right)^{0.25} \tag{3-14}$$

式中，$(\eta_f / \eta_w)^{0.14}$ 和 $(Pr_f / Pr_w)^{0.25}$ 项就是为修正热流方向和温差而引入的修正项，η_w 和 Pr_w 就是以壁温为定性温度的动力黏性系数和普朗特数。

　　当换热表面温度不均匀时，实验中需对换热表面温度分布进行测量，如果换热表面测温点是均匀分布的，则壁面平均温度 $\bar{t}_w$ 为

$$\bar{t}_w = \frac{1}{n} \sum_{i=1}^{n} t_{w_i} \tag{3-15}$$

式中, t_{w_i} 为第 i 点壁温,共 n 个测温点。

如果测温点沿热表面不是均匀分布的,则需求带有面积的加权平均值,即

$$\bar{t}_w = \frac{1}{A} \sum_{i=1}^{n} t_{w_i} \Delta A_i \qquad (3-16)$$

式中　A——换热表面面积,m^2;

　　ΔA_i——面积单元($\sum \Delta A_i = A$),m^2。

如果壁温分布是一维的,则

$$\bar{t}_w = \frac{1}{l} \sum_{i=1}^{n} t_{w_i} \Delta l_i \qquad (3-17)$$

式中　l——换热表面长度,m;

　　Δl_i——长度单元($\sum \Delta l_i = l$),m。

3. 流体与壁面的平均温度 t_m

有的文献中称该温度为平均膜温,它反映了边界层中流体的平均温度,其值为

$$t_m = \frac{t_w + t_f}{2} \qquad (3-18)$$

在实际应用中,通常在外部绕流体或自然对流换热情况下取 t_m 作为定性温度,这时 $t_f = t_\infty$。在非等壁温条件下,t_w 或取平均壁温 $\bar{t}_w$(如在平均努谢尔特数的准则方程中),或取局部壁温 t_{w_x}(如在局部努谢尔特数的准则方程中)。

4. 相变换热

相变换热均以其饱和温度 t_s 作为定性温度。

5. 高速气流换热

在很多情况下,选 Eckert 参考温度 t_g 为定性温度

$$t_g = t_\infty + 0.5(t_w - t_\infty) + 0.22(t_r - t_\infty) \qquad (3-19)$$

式中　t_r——高速气流的恢复温度,℃,即

$$t_r = t_\infty + r \frac{u_\infty^2}{2c_p} \qquad (3-20)$$

　　r——恢复系数,对于层流流动($Pr = 0.25 \sim 10$ 时)有

$$r = Pr^{1/2}$$

对于紊流流动有

$$r = Pr^{1/3}$$

在某些情况下,还会选用其他温度作为定性温度,如冲击冷却有时选射流入口温度为定性温度,等等。

3.1.5 关于沸腾换热

液体被受热面加热时产生蒸汽的过程,称为沸腾。

沸腾过程本来是对流换热过程的一种形式,但是,它具有汽液两相间的变化而带来很大的特殊性。

在沸腾换热时,对换热系数的整理应加注意,一种沸腾换热系数的定义为

$$h = \frac{q}{t_w - t_s} \tag{3-21}$$

式中,t_s 为介质在实验压力下的饱和温度,℃。

另一种沸腾换热系数的定义为

$$h = \frac{q}{t_w - t_f} \tag{3-22}$$

式中,t_f 为容积的液体温度,℃。

在饱和沸腾情况下,上述两个定义没有差别。但是在过冷沸腾情况下,两者将有很大差别。前一种定义方式认为,在过冷沸腾即局部沸腾,虽然介质在整个空间没有沸腾(即 $t_f < t_s$),但在换热表面已达沸腾状态,故在换热表面上的对流换热系数定义中,流体温度应采用 t_s,并认为当采用温差($t_w - t_s$)时,过冷沸腾的换热系数与饱和沸腾的换热系数可用同一公式计算。而后一种定义方式认为,过冷沸腾符合一般对流换热的习惯,并且实验已经表明,t_f 的变化对过冷沸腾换热有一定影响。

1. 大容积沸腾的概念

沸腾的过程非常复杂,目前研究得比较清楚的只是液体在自然对流条件下在大容积中的沸腾过程。加热壁面沉浸在具有自由表面的液体中所发生的沸腾,称为大容积沸腾或大空间沸腾。例如锅炉内烧水的沸腾过程以及蒸发器的管束对周围水的加热沸腾过程等。此时产生的气泡能自由浮升,穿过液体自由表面进入大容器空间。

2. 沸腾过程的研究

观察现象是一个非常重要的方法。我们把观察到的现象,分析它的本质,这样经过一番去粗取精而上升到理论,最后再用实验结果来核对理论。

如果对沸腾过程进行观察,我们会发现,并不是全部受热面连续一片地产生蒸汽,而是在受热面的某些点上不断地萌发出新的气泡,我们把受热面上的这些点称为汽化核心。观察证

明,凡是壁面上凹凸不平、最容易吸附气泡的地方,就最有可能成为汽化核心,而在光滑的玻璃壁面上就较难找到汽化核心。

气泡的产生、脱离和上升的过程,对液体的扰动非常强烈,特别是产生气泡的液体是与受热面直接接触的,故当气泡脱离壁面后,新鲜液体就补充到原来气泡的位置上,这样受热面就能经常与新鲜液体相接触,因此其热边界层极薄,使得放热系数 h 的数值比不沸腾时大得多。例如:水在自然对流条件下

$$h = 200 \sim 1\,000 \ \text{W}/(\text{m}^2 \cdot \text{K})$$

水在强迫对流条件下

$$h = 1\,000 \sim 15\,000 \ \text{W}/(\text{m}^2 \cdot \text{K})$$

而当水在强热沸腾的条件下

$$h = 2\,500 \sim 35\,000 \ \text{W}/(\text{m}^2 \cdot \text{K})$$

显然,受热面上汽化核心的数目越多,每个汽化核心上气泡出现、成长和脱离的频率愈高,放热系数 h 就愈大。

受热面的原始粗糙度对汽化核心数目的影响实际上是不大的,因为受热面工作一段时间后,表面上都要被水垢所覆盖,这样粗糙度几乎都变成一样的了。

影响汽化核心数目最重要的温压 Δt(℃)。设壁面的温度为 t_w,液体的平均温度为 t_f,则温压 $\Delta t = t_w - t_f$。

这里的流体平均温度实际上就是沸腾压力下的饱和温度 t_s,因此,通常的沸腾过程总是在饱和水中进行的。例如,锅炉和蒸发器中的炉水与大部分受热面接触时都已达到饱和温度。

受热面与未饱和温度的水接触而发生的沸腾过程,称为局部沸腾,又称表面沸腾或过冷沸腾,这种低于饱和温度的水称为欠热水或过冷水。

我们把受热面在饱和水中的沸腾过程称为容积沸腾。请注意不要把这里的容积沸腾与大容积沸腾相混淆,这是两个概念。容积沸腾是相对局部沸腾而言的,局部沸腾是指在水和受热面的接触面上发生沸腾,此时因为水温低于饱和温度,所以当气泡离开受热面时马上被冷凝而消失;容积沸腾是指在水的整个容积内发生沸腾,此时因为水温等于或略高于饱和温度,所以气泡离开受热面后不会冷凝,而且还略有增长。

温压 Δt 很小时,只在受热面的个别地方产生气泡;随着 Δt 逐渐增大,产生气泡的地方会多起来,而当 Δt 很大时,那些很难产生气泡的地方也会产生气泡,沸腾就变得非常强烈。

气泡产生的频率与温度也有密切的关系,因为在大的温压作用下,气泡的出现、成长和脱离的速度都显著加快。

当对沸腾现象进行分析时,发现汽化核心数目和产生气泡的概率还与液体的表面张力有关。什么叫表面张力? 液体的表面张力是力图把液体的自由表面收缩为最小的一种分子力。当在水面底下没有气泡时,水面下是没有自由表面的,而气泡的出现就使水面底下产生了自由表面,这时表面张力的作用将使气泡变小甚至消灭掉,气泡的直径越小,受到表面张力的收缩

也就越严重。从图 3.1 对半个气泡受力的分析就
可看出

$$膨胀力 = \Delta p \cdot \frac{\pi d^2}{4}$$

$$收缩力 = \sigma \cdot \pi d$$

平衡条件为

$$\Delta p \cdot \frac{\pi d^2}{4} = \sigma \cdot \pi d \qquad (3-23)$$

蒸汽压力向外的膨胀力与气泡直径 d 的平方
成正比,而表面张力对气泡的收缩力与直径 d 的
一次方成正比。所以在 Δp 与 σ 都保持不变的条
件下,对于较大的气泡,膨胀力大于收缩力,气泡

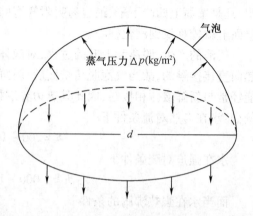

图 3.1　半个气泡受力的分析图

就能继续扩大;而对较小的气泡,膨胀力比收缩力要减小得更快,收缩力就会大于膨胀力,所以
冲破表面张力的束缚而在受热面上产生一个气泡是很不容易的。在一定的温压下,气泡中的
蒸汽比周围有了一定的剩余压力后,气泡才能克服表面张力的收缩而站住脚跟。这里,存在着
临界的最小半径,当气泡一产生就比这个半径大时,气泡中的蒸汽压力才能胜过表面张力而使
气泡成长壮大,否则,气泡随生随灭。

气泡在受热面上成长到一定的尺寸后,在重力的作用下就脱离壁面而上升,表面张力阻止
气泡增大就影响到气泡生成的频率。

所以液体表面张力越大,汽化核心的数目就越少,气泡产生的频率也越低。另外,液体的
黏度要阻碍气泡的运动,所以也起着类似的作用。

实验证明,液体的表面张力和黏度会随着液体温度的升高而减小,所以压力越高,饱和温
度也越高,沸腾时的放热系数 h 则越大。

液体的压力升高时,汽化热会减小,这使汽化核心数目和气泡的产生频率都会增加,从而
对 h 也起了增大的作用。

压力升高也使气泡和水的相对密度差减小,这使气泡的上升力减小,将使气泡附着在壁面
上的时间增加,但气泡的产生频率会降低,这对 h 的增加起着相反的作用。但是这个因素的影
响远远没有前面那些因素的影响大,所以当压力升高时,在相同的温度下,h 会迅速增大。

以上是对沸腾现象所作的理论分析,这种分析对认识事物的本质是非常重要的。

实验结果完全证实了上述的分析,从 $p = 10^5 \sim 4 \times 10^6$ Pa,水在沸腾时的放热系数可以整
理出如下的经验公式

$$h = 44.8 p^{0.5} \cdot \Delta t^{2.33} \qquad (3-24)$$

由此可见,水沸腾时的 h 只与 Δt 及 p 有关。有时已知的是受热面的热负荷 q 而不是 Δt,那么
就要把式(3-24)改变一下形式,为此我们把 $q = h \cdot \Delta t$ 的关系式代入式(3-24),得

$$h = 3.13p^{0.15} \cdot q^{0.7} \tag{3-25}$$

在工程设计中所采用的经验公式也可能具有另外的形式,但在本质上都是一致的。

温压 Δt 升高时,能使 h 迅速增大,但是过大的温压(或热负荷 q)反而使 h 降低,因为此时沸腾过于强烈,气泡来不及离开壁面,壁面上的气泡连成一片,从而把液体与壁面分隔开来,这时沸腾过程发生了质的变化,为了查明 Δt 对沸腾性质的影响,图 3.2 示出了 h 与 Δt 之间的典型关系,图中数据是对水在 1 个大气压下的沸腾而言的,但在其他压力下也有类似的关系。

图 3.2 h 与 Δt 之间的关系

图 3.2 中 AB 段说明在 Δt 很小时,h 的数值也是不大的,此时沸腾的优越性还未显示出来,h 的数值与没有沸腾的自然对流放热相差不大,对 1 个大气压下的沸腾而言,这一段的 $\Delta t < 5$ ℃,而 $h < 10^3$ W/($m^2 \cdot K$)。

图 3.2 中 BC 段是沸腾充分发展的阶段,此时,h 随着 Δt 的增加而迅速提高,一直达到很高的数值。图中示出这一段约在 $\Delta t = 5 \sim 25$ ℃的范围内,而 $\alpha = 10^3 \sim 5 \times 10^4$ W/($m^2 \cdot K$)的范围内,此时壁面上的沸腾还是以泡沫状态进行的,我们称之为沫态沸腾,也叫泡态沸腾。

到了 C 点,如果再继续增加 Δt,受热面上的泡沫就要连成一片,在液体与受热面之间形成一层连续的汽膜,因为蒸汽的导热系数远小于液体,所以 h 急剧下降,此时我们称之为膜态沸腾。图 3.3 示出了大容积沸腾的各个阶段的景象。

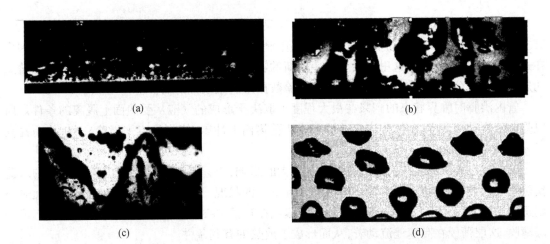

(a)　　　　　　　　　　　　　(b)

(c)　　　　　　　　　　　　　(d)

图 3.3 大容积沸腾的不同沸腾状态(加热面为铂丝)

(a)孤立气泡区(核态沸腾);(b)汽块区(核态沸腾);(c)过渡沸腾;(d)稳定膜态沸腾

膜态沸腾是我们设计热交换器时不允许发生的,热源的温度比较高时(如锅炉、电加热器、原子反应堆的活性区等),由于受热面得不到足够的冷却而被烧坏。

因此,C 点成为我们增加受热面热负荷的上限,热交换器决不允许在接近 C 点的状态下工作,C 点称为临界点,与 C 点相对应的温压称为临界温压 Δt_{KP},此时的热负荷称为临界热负荷 q_{KP}。

Δt_{KP} 随着 p 的增加而不断减小,例如在 1 个大气压时,$\Delta t_{KP} = 25$ ℃,而在 2×10^7 Pa 时,$\Delta t_{KP} = 9$ ℃。这是因为当 p 增加时,气泡的产生过于迅速,而气泡借以脱离受热面的上升力却在减小,这都促使气泡在受热面上连成一片。

h_{KP} 是某一压力下 h 的最大值,h 随着 p 的增加而增大,所以 h_{KP} 也随着 p 的增加而增大。

在确定压水堆的热功率时,临界热负荷 q_{KP} 是一个极其重要的概念。可能有人要问,在压水堆中工作的是欠热水,不发生沸腾现象,怎么会有从沫态沸腾转变到膜态沸腾的临界热负荷呢? 问题是这样的:在压水堆中不发生容积沸腾,也不允许在大面积上发生局部沸腾,但因燃料棒的发热是极不均匀的,所以总体上是不沸腾但难免在最不利的个别地方发生局部沸腾,所以在设计压水堆的热功率时,务必使燃料棒在远低于临界热负荷的状态下工作,作为安全的一种储备。

必须指出,一旦从沫态沸腾转变到膜态沸腾后,汽膜就具有很大的稳定性,再要恢复到沫态沸腾必须大大地降低热负荷 q,使它远低于临界热负荷 q_{KP},才能使膜态沸腾重新转变到沫态沸腾。

3. 管内沸腾

管内沸腾是相对于大容积沸腾而言的。这是液体在管内流动被加热而发生沸腾的现象,其主要的特点是流体的运动受到管壁的严格限制。上面讲的关于大容积沸腾的一些影响因素在这里同样起作用,但是这里又具备了一些新的特点。现在研究的还很不够,还不能找出普遍的规律和经验公式,目前都是依靠专门的实验数据来满足设计的需要。

管内沸腾时临界状态的到来在很大程度上取决于形成的气泡从受热面上脱离的条件。所以强制使流动速度提高时,气泡容易被水流从受热面上冲走,使临界点来得晚一些,从而提高了 q_{KP} 的数值。

管内蒸汽含量的多少对沸腾放热也有很大的影响,上述关于液体在管内流动沸腾的对流换热系数的数据,是指沸腾时液体内蒸汽含量不大的状况。当单位容积内蒸汽含量很大时,h 就迅速增加,这是因为占管内容积大部分的蒸汽在管子中心流动,而液体则被挤向壁面形成一层薄膜,这层薄膜在高速地流动着,从而形成了放热的有利条件。

但是蒸汽含量的增加只是在一定限度内对放热发生有利的影响,当蒸汽含量过高时,液膜的完整性遭到破坏,受热面将直接与蒸汽接触,沫态沸腾转变为膜态沸腾,h 就急剧下降,所以蒸汽含量的增加则使 q_{KP} 的数值下降。

管子安放的位置和水流方向对 q_{KP} 也有很大的影响,最好的情况是直立的管子,水流向上,此时水流方向与气泡上升方向一致,很容易把气泡从壁面上带走。当水向下流动时,如果与气泡的上升速度相平衡,则气泡就在壁面上停下来,汇集成汽柱而使壁面烧坏。

当管子横向放置时,气泡附着在管子上则不易离开,只有当水流速度很高时才能把气泡冲走,所以在自然循环蒸汽锅炉蒸发管束的设计中,水管横向放置是不允许的;在直立的沸腾管中,水向下流动也是不允许的;在强制循环锅炉中,因为水流速度很高,所以管子的布置可以自由一些。

在 20 世纪 30 年代中期,美国拨柏葛(B. W.)公司生产的卧式分联箱蒸汽锅炉风行一时,锅炉中蒸发管束是斜放的,与水平线成 15°~22° 的夹角,这个夹角不允许太小就是为了保证水的自然循环及使气泡从壁面上滑离。尽管这样,在热负荷较高的火排管中仍然不时出现膜态沸腾而使管子烧坏。这种锅炉如今已成为历史的遗迹。

3.1.6 模拟实验研究

对流换热的实验研究方法,除了进行针对给定工况下的换热实验研究外,应用比较广泛的另一种方法是传热-传质模拟实验研究。由于描述单相均介质对流换热现象的微分方程组与描述单相等温双组元介质对流传质现象的微分方程组在某些情况下具有相同的形式,因此,当两者给定单值性条件具有相同形式的数学表达式时,两者的解必然具有相同形式。也就是说,两者是彼此类似的现象。基于这一基本原理,发展了传热-传质模拟实验研究,这给传热实验研究带来很多方便。

3.2 风洞综合实验

3.2.1 风洞实验简介

风洞实验是传热学实验研究工作中的一个不可缺少的组成部分。它不仅在航空和航天工程的研究和发展中起着重要作用,随着工业空气动力学的发展,在交通运输、房屋建筑、风能利用和环境保护等部门中也得到越来越广泛的应用。用风洞做实验的依据是运动的相似性原理。实验时,常将模型或实物固定在风洞内,使气体流过模型。这种方法,流动条件容易控制,可重复地、经济地取得实验数据。为使实验结果准确,进行模型实验时,应保证模型流场与真实流场之间的相似,即除保证模型与实物几何相似以外,还应使两个流场有关的相似准则数,如雷诺数、马赫数、普朗特数等对应相等。实际上,在一般模型实验(如风洞实验)条件下,很难保证这些相似准数全部相等,只能根据具体情况使主要相似准数相等或达到自准范围。例如涉及黏性或阻力的实验应使雷诺数相等;对于可压缩流动的实验,必须保证马赫数相等,等等。此外,风洞实验段的流场品质,如气流速度分布均匀度、平均气流方向偏离风洞轴线的大小、沿风洞轴线方向的压力梯度、截面温度分布的均匀度、气流的湍流度和噪声级等必须符合一定的标准。应该满足而未能满足相似准数相等而导致的实验误差,有时也可通过数据修正予以消除,如雷诺数修正。洞壁和模型支架对流场的干扰也应修正。实验结果一般都整理成无量纲的相似准则数,以便将实验结论从模型推广到实物。

根据对流换热的规律,目前可利用风洞实验把实验数据加以整理,得到特定情况下的准则公式。通过在风洞中空气横向流过单根圆管的强迫对流实验,可掌握研究对流换热的实验布置与处理及综合处理实验数据的一般方法。

1. 风洞实验的不足之处

风洞实验既然是一种模拟实验,不可能完全准确。概括地说,风洞实验固有的模拟不足主要有以下三个方面。当然相应地也有许多方法可以克服这些不足或修正其影响。

(1)边界效应或边界干扰

真实情况下,静止大气是无边界的。而在风洞中,气流是有边界的,边界的存在限制了边界附近的流线弯曲,使风洞流场有别于真实情况的流场。其影响统称为边界效应或边界干扰。克服边界效应的方法是尽量把风洞实验段做得大一些(风洞总尺寸也相应增大),并限制或缩小模型尺寸,减小边界干扰的影响。但这将导致风洞造价和驱动功率的大幅度增加,而模型尺寸太小会使雷诺数变小。近年来发展起一种称为"自修正风洞"的技术。风洞实验段壁面做成弹性和可调的。实验过程中,利用计算机,粗略而快速地计算相当于壁面处流线应有的真实形状,使实验段壁面与之逼近,从而基本上消除边界干扰。

(2)支架干扰

风洞实验中,需要用支架把模型支撑在气流中。支架的存在,产生及对模型流场的干扰,称为支架干扰。虽然可以通过实验方法修正支架的影响,但很难修正干净。近来,正发展起一种称为"磁悬模型"的技术。该技术通过在实验段内产生一可控的磁场,通过磁力使模型悬浮在气流中。

(3)相似准则不能满足的影响

风洞实验的理论基础是相似原理。相似原理要求风洞流场与真实流场之间满足所有的相似准则,或两个流场对应的所有相似准则数相等。风洞实验很难完全满足此条件。最常见的主要相似准则不满足体现在亚声速风洞的雷诺数不够。提高风洞雷诺数的方法主要有:

①增大模型和风洞的尺寸,其代价是风洞造价和风洞驱动功率都将大幅度增加。

②增大空气密度或压力。目前已出现很多压力型高雷诺数风洞,工作压力在几个至十几个大气压范围。我国也正在研制这种高雷诺数风洞。

③降低气体温度。如以 90 K(-183 ℃)的氮气为工作介质,在尺度和速度相同时,雷诺数是常温空气的 9 倍多。世界上已经建好几个低温型高雷诺数风洞。我国也研制了低温风洞,但尺度还比较小。

2. 风洞实验的优点

风洞实验尽管有局限性，但有如下四个优点：

①能比较准确地控制实验条件，如气流的速度、压力、温度等；

②实验在室内进行，受气候条件和时间的影响小，模型和测试仪器的安装、操作、使用比较方便；

③实验项目和内容多种多样，实验结果的精确度较高；

④实验比较安全，而且效率高、成本低。

因此，风洞实验在空气动力学、流体力学、传热学、各种飞行器、火车、汽车的研制方面，以及在工业空气动力学和其他同气流或风有关的领域中，都有广泛应用。

3.2.2　实验设备及仪表

实验设备包括风道、风机、温度计、微压计和毕托管（或热线风速仪）、电位差计（或数字电压表）及热量测量仪表（根据实验管加热方法不同而不同，一般情况下多采用电阻丝加热，这时须配备电流表、电压表、调压变压器、交流稳压电源等）。设备系统如图 3.4 所示。

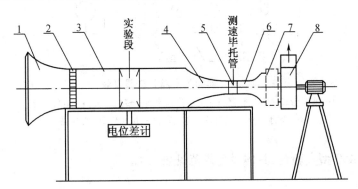

图 3.4　实验用风洞简图

1—双扭曲线进风口；2—蜂窝器；3—测试段；4—收缩段；
5—测速段；6—扩大段；7—橡皮接管；8—风机

1. 风洞本体

实验风洞全长分为进口段、实验段及测速段。风道断面一般是矩形，实验管横架在实验段中。为使风道内气流速度分布均匀及减少空气入口阻力，风道进口采用单扭或双扭曲线的圆滑收缩喇叭口。实验段之前，一般还装有蜂窝形或方形格栅和金属丝网以作整顿气流之用。空气经实验段后,进入测速段。为了在较低空气流量下仍能测准空气速度,一般在测速段采用小断面风道,这样测速段前后接有缩放口。测速段后还装有格栅,以减轻风机进口处旋绕气流对前面的影响。橡皮软套管用来隔震。风量调节门可做成百叶窗式装在风机入口处(若采用可控硅直流调速电动机带动风机,则不需要风量调节门)。为使风机转速稳定,风机电源应接稳压电源。

实验管一般采用黄铜或紫铜管。管端用隔热材料封口并支撑于风道壁上。管壁沿轴向和圆周均匀地嵌有数对热电偶。图 3.5 是采用电阻丝加热实验管的热量测量电路及热电偶测试电路。实验管的功率不太大采用直流电加热,直流电加热及测试方法对提高热量测试的准确度较为有利。

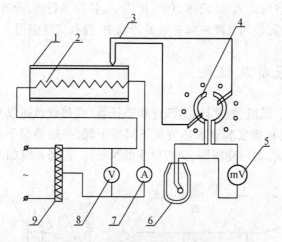

图 3.5 实验管电路及测量系统

1—实验管;2—电加热器;3—壁温热电偶;4—转换开关;5—电位差计;
6—冰水溶液保温瓶;7—电流表;8—电压表;9—变压器

本实验台为 450 型实验台,具体设备规范见表 3.1。

表 3.1 实验设备规范

序号	名 称	单位	320 实验台	450 实验台	500 实验台
1	实验段风洞截面尺寸	mm²	320×70	450×150	500×124
2	测速段风洞截面尺寸	mm²	60×70	150×80	124×124
3	实验管外径($d \times \delta$)	mm	35×6	35×6	35×6
4	实验管有效长度	mm	320	450	500
5	电加热器额定功率	W	300	400	450
6	实验管壁面黑度		0.6	0.6	0.6

2. 微压计

微压计是用增加仪器灵敏度的方法以记录气压随时间的微小变化的气压计。这类仪表灵敏度、精确度都很高，一般可准确到 0.1 mmH$_2$O，有的还可以达到 0.01 mmH$_2$O。

常用的微压计有双液 U 形管压力计、斜管压力计、补偿式微压计。本实验采用 YYT － 200B 型倾斜式微压计，使用方法详见附录 9。

3.2.3 实验原理

根据相似理论，外部流动强制对流的对流换热系数 h 与流速 u、物体几何尺寸及流体物性等因素有关，并可整理成准则关联式

$$Nu = f(Re, Pr) \tag{3-26}$$

三个准则数的具体关系可写为

$$Nu = cRe^n P^m \tag{3-27}$$

对于空气横掠单管，其具体形式为

$$Nu_m = cRe_m^n Pr_m^{1/3} \tag{3-28}$$

式中 Nu_m ——努谢尔特准则，$Nu_m = \dfrac{hd}{\lambda_m}$；

Re_m ——雷诺准则，$Re_m = \dfrac{ud}{\nu_m}$；

Pr_m ——普朗特准则，$Pr_m = \dfrac{\nu_m}{a}$；

a ——流体导温系数，m^2/s。

本实验的最终目的是通过实验的方法确定气体横掠单管的准则方程式（3-28）中的系数 c 和 n。

准则中的下标"m"表示用流体的平均温度 t_f 与壁面温度 t_w 的平均值作为定性温度，见下式

$$t_m = \frac{(t_w + t_f)}{2} \tag{3-29}$$

式中 t_m ——定性温度，℃；

t_w ——实验管壁面平均温度，℃；

t_f ——实验管前后流体平均温度，℃，$t_f = \dfrac{(t_f' + t_f'')}{2}$；

t_f' ——实验管前流体平均温度，℃；

t''_f——实验管后流体平均温度，℃。

对于空气，常温下 Pr_m 可近似作为常数处理，需要通过实验确定的准则数为 Re_m 和 Nu_m。

1. Re_m 的确定

$$Re_m = \frac{ud}{\nu_m} \tag{3-30}$$

式中　d——实验管外径，m；

　　　u——流体流过实验段最窄处的流速，m/s；

　　　ν_m——流体运动黏度，m²/s。

实验管外径 d 可在表3.1中查找；流体运动黏度 ν_m 可根据定性温度在文献[7]中查找，测出 u 即可得到 Re_m。

采用毕托管在测速段截面中心处进行流速 u 的测量。因为测速段截面流速分布均匀，所以不必进行截面速度不均匀度的修正。

测速段流速 u' 的计算公式为

$$u' = \sqrt{2gH\frac{\rho_{液} - \rho_{气}}{\rho_{气}}} \times 0.001 \tag{3-31}$$

式中　$\rho_{液}$——微压计中液体的密度，kg/m³；

　　　$\rho_{气}$——空气的密度，kg/m³，可根据 t_f 在文献[7]查找；

　　　H——动压头，$H = H_1 + H_2$，mm。

图3.6给出了斜管式微压计的测量原理，可知

$$H = H_1 + H_2 = H_2 + x\sin\beta \tag{3-32}$$

式中　H_1——读数管液柱上升高度，mm；

　　　H_2——宽广容器液体下降高度，mm。

平衡时宽广容器液体下降体积等于斜管内液体上升体积，即

$$F_2H_2 = F_1H_1 \tag{3-33}$$

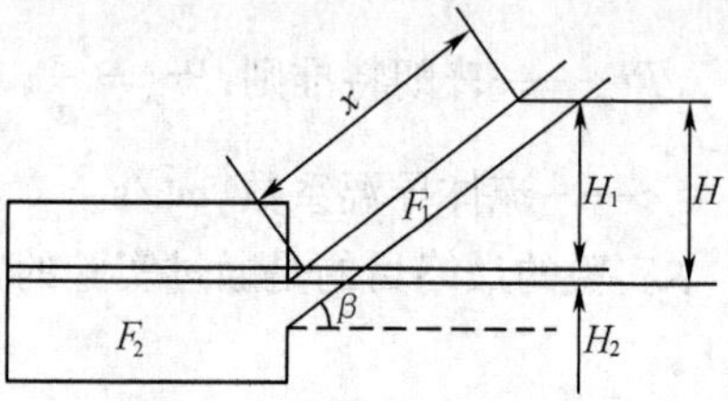

图3.6　斜管式微压计原理图

则式(3-32)为

$$H = H_1 + H_2 = x\sin\beta\left(1 + \frac{F_1}{F_2}\right) \tag{3-34}$$

式中　F_1,F_2——分别为读数管和宽广容器的截面面积，m²；

　　　x——微压计读数，mm；

　　　β——微压计指示尺的倾角。

引入微压计的常数因子(即倾角比值)k,可用下式计算

$$k = \rho_{液} \left(\sin\beta + \frac{F_1}{F_2} \right) \times 10^{-3} \qquad (3-35)$$

将式(3-34)、式(3-35)代入式(3-31)得

$$u' = \sqrt{2gxk \frac{1}{\rho_{气}}} \qquad (3-36)$$

在实验中只要读出微压计液柱长 x 度和支架上的微压计常数因子 k，即可计算出测速段的流速。微压计读数示意图见图 3.7。

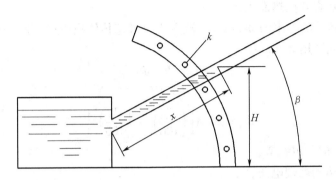

图 3.7　斜管式微压计读数示意图

由式(3-36)计算出的流速是测速段的流速 u'，而式(3-30)采用的流速是实验段最窄截面处的流速 u。

由连续性方程

$$u'f' = u(f - ldn) \qquad (3-37)$$

可得实验段最窄截面流速 u 为

$$u = \frac{u'f'}{f - ldn} \qquad (3-38)$$

式中　f'——测速段流道面积，m^2；

　　　　f——实验段最窄流通截面积，m^2；

　　　　l——实验管有效管长，m；

　　　　n——实验管根数。

2. Nu_m 的确定

$$Nu_m = \frac{hd}{\lambda_m} \qquad (3-39)$$

式中　h——对流换热系数，$W/(m^2 \cdot K)$；

λ_m——流体导热系数，$W/(m \cdot K)$。

实验管外径 d 可在表3.1中查找；流体导热系数 λ_m 可根据定性温度在文献[7]中查找，算出表面传热系数 h 即可得到 Nu_m。

根据牛顿冷却公式，壁面平均换热系数可由下式计算

$$h = \frac{\Phi_C}{(t_w - t_f)A} \tag{3-40}$$

式中 Φ_C——对流换热量，W；

  A——实验管有效换热面积，m^2。

实验中，电加热器的功率为 Φ，除以对流方式由管壁传给空气外，还有一部分热量由管壁辐射出去，因此对流换热量 Φ_C 为

$$\Phi_C = \Phi - \Phi_R \tag{3-41}$$

$$\Phi = UI \tag{3-42}$$

$$\Phi_R = \varepsilon C_0 A \left[\left(\frac{T_w}{100} \right)^4 - \left(\frac{T_f}{100} \right)^4 \right] \tag{3-43}$$

式中 Φ——电加热器功率，W；

  U——电加热器两端电压，V；

  I——通过电加热器的电流，A；

  Φ_R——辐射散热量，W；

  ε——实验管壁面黑度，可由表3.1查得；

  C_0——黑体辐射系数，$C_0 = 5.67\ W/(m^2 \cdot K^4)$；

  T_w——实验管壁面绝对温度平均值，K；

  T_f——空气进出口绝对温度平均值，K。

注意：本实验的辐射换热主要在实验管表面与室内墙壁之间进行，属于小物体在大空间内的辐射换热，因此，实验管表面黑度可作为系统黑度。

3. c 与 n 的确定

本实验以空气为换热工质，Pr_m 可根据定性温度 t_m 在文献[7]中查找，并当作常数处理，式（3-27）可改写为

$$Nu_m = c'Re_m^n \tag{3-44}$$

$$c' = cPr_m^{1/3} \tag{3-45}$$

根据所求得的实验数据，即可求得 Re_m 及 Nu_m，对式（3-44）取对数，可得

$$\ln Nu_m = \ln c' + n\ln Re_m \tag{3-46}$$

由于幂指数函数在对数坐标系下是直线，可得到的图形如图3.8所示。

根据这条直线,就可求得系数 c' 与 n:

直线的斜率即为 n 值,在求得 n 值的基础上,可根据直线上任一点的 Re_m 和 Nu_m 的数值求得 c' 值,再根据式(3 - 45)求出 c 值,至此,准则方程式中各量均已知,因此,就可以建立准则方程式。

上述为风洞综合实验的实验原理,依据此原理可在风洞中开展不同目的的对流换热实验,下面将一一介绍。

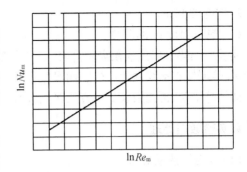

图 3.8　空气横掠单管 ln Re_m 和 lnNu_m 的关系

3.2.4　风洞中空气横掠单管对流换系数及风速测定实验

1. 实验目的

学习测量风速、温度及热量的技能;测定空气横吹单管表面的平均放热系数。

2. 实验方法

①先将毕托管与微压计、热电偶与电位差计连接好并校正零点,连接电加热器、电流表、电压表及调压变压器线路,经检查确认无误后,准备启动风机。

②在关闭风机出口挡板的条件下启动风机,然后根据实验要求开启风机出口挡板,调节风量。

③在调压变压器指针位于零位的条件下,合电闸加热实验管,根据需要调节变压器使其在某一定热负荷下工作,至壁温达到稳定(壁面热电势在 3 分钟内保持读数不变,即可认为已达到稳定状态)后,开始记录电偶热电势、电流、电压、空气进出口温度以及倾斜式微压计读数。在测量风压时,若微压计液柱上下摆动,说明风压不稳定,这时可取平均值。

④实验完毕后,先切断实验管加热电源,待实验管冷却后再停风机,将实验数据记入附录 12。

3. 实验数据的测量

(1)实验段进出口空气温度 t'_f 和 t''_f 的测量

分别采用玻璃管温度计测量风洞入口温度 t'_f 和实验段出口温度 t''_f,二者的平均值即为流体平均温度 t_f。

(2)流速 u 的测量

采用毕托管在测速段截面中心点进行。测速段截面流速分布均匀,因此不必进行截面速度不均匀度的修正。

（3）壁面温度 t_w 的测量

实验所用热电偶预埋在实验管表面，分别布置在上、下、前、后四个位置，四根热电偶共用一根冷端，热端接在接线盒上。待壁面温度稳定后可通过切换开关，依次在电位差计上读出壁面上热电偶的毫伏值，再在附录 2 中查找热电势所对应的温度后，求得平均温度 t_w，即为壁面温度。

4. 实验数据处理

（1）表面换热系数 h

换热系数 h 由式（3 - 40）计算，计算时注意所用对流换热量为加热管功率去除辐射换热量后剩余的部分。

（2）实验段流速 u

实验段流速 u 可根据式（3 - 38）计算，计算时注意，式中 n 值为垂直流体流动方向的同一截面上的管子根数，单管实验中 $n = 1$。

5. 注意事项

①风机进出口处禁止放置任何异物。

②调节工况时，风速过低会导致加热管壁面温度过高，损坏风洞本体；风速过高会在风压不稳定时导致微压计内的酒精冲出微压计。实验中推荐的微压计读数在 100～200 mm 之间。

③加热管功率不要过大，否则会导致加热管壁面温度过高，损坏风洞本体，实验中推荐的加热功率为 60 W。

④严格按照操作步骤进行实验，严禁在确定工况之前开始加热，否则会导致加热管壁面温度过高，损坏风洞本体。

⑤实验过程中，不要长时间在靠近风洞入口处停留，否则会影响工质流量，进而影响实验数据的准确性。

3.2.5　空气横掠单管对流换热系数随风速变化规律研究

1. 实验目的

了解对流换热的实验研究方法，测定不同工况下雷诺数与努谢尔特数并将实验数据整理成准则方程式。

2. 实验方法

①先将毕托管与微压计、热电偶与电位差计连接好并校正零点，连接电加热器、电流表、电

压表及调压变压器线路,经检查确认无误后,准备启动风机。

②在关闭风机出口挡板的条件下启动风机,然后根据实验要求开启风机出口挡板,将风量调到最大(视风压具体情况确定,不要让酒精冲出微压计)。

③在调压变压器指针位于零位的条件下,合电闸加热实验管,根据需要调节变压器使其在某一定热负荷下工作,至壁温达到稳定(壁面热电势在 3 min 内保持读数不变,即可认为已达到稳定状态)后,开始记录电偶热电势、瓦特表读数、空气进出口温度以及倾斜式微压计读数。在测量风压时,若微压计液柱上下摆动,说明风压不稳定,这时可取平均值。

④保持加热量为定值,依次调节风机出口挡板由大到小,在各个不同开度下稳定后测出微压计读数、空气进出口温度、电位差计的读数。

⑤总共做 5 个工况,每个工况要有足够稳定时间,并将实验数据填到附录 13 中。

⑥实验完毕后,先切断实验管加热电源,待实验管冷却后再停风机。

3. 实验数据处理

(1)表面换热系数 h

换热系数 h 由式(3 - 40)计算,计算时注意所用对流换热量为加热管功率去除辐射换热量后剩余的部分。

(2)实验段流速 u

实验段流速 u 可根据式(3 - 38)计算,计算时注意,式中 n 为垂直流体流动方向的同一截面上的管子根数,单管实验中 $n = 1$。

(3)定性温度的选取

在计算 Re 和 Nu 时,要代入流体的 λ, μ, ρ 等数值,但是流体的这些物性参数都是随着温度而变化的,这些物性参数需用定性温度来进行查找。流体外掠单管的定性温度可根据式(3 - 29)来确定。

(4)定性尺寸的选取

在 Re 和 Nu 中包含一个线性尺寸 l,它在表示物体大小的同时又要有一定的表达物体形状的能力,称之为定性尺寸。流体外掠单管的定性尺寸取圆管外径 d。

(5)努谢尔特数计算

由式(3 - 39)计算。

(6)雷诺数计算

由式(3 - 30)计算。

(7)c 和 n 的确定

可按照实验原理讲述的方法确定,并绘制相关曲线,亦可按下述最小二乘法的方法求解。c, n 值的参考数值见表 3.2。

表 3.2　c 与 n 的参考值

Re = 4 ~ 40	c = 0.821	n = 0.385
Re = 40 ~ 4 000	c = 0.615	n = 0.466
Re = 4 000 ~ 40 000	c = 0.174	n = 0.618
Re = 40 000 ~ 250 000	c = 0.023 9	n = 0.805

令 $\ln Nu = \ln c + n\ln Re$，式中 $\ln Nu = y$，$\ln Re = x$，$\ln c = b$，则式(3-46)变为

$$y = nx + b \tag{3-47}$$

实验得到 N 组(Re,Nu)就有 N 组(y,x)，将每一组(y,x)记为$(y_i,x_i)(i=1\sim N)$。

设每一次实验得到的 y_i 值与按式 $y = nx_i + b$ 算出的 y 值之差为 ε_i，则

$$\varepsilon_i = y_i - y = y_i - nx_i - b \tag{3-48}$$

$$\varepsilon_i^2 = (y_i - nx_i - b)^2 \tag{3-49}$$

为使 n,b 值误差最小，需满足

$$\frac{\partial \sum_{i=1}^{N} \varepsilon_i^2}{\partial n} = 0 \tag{3-50}$$

$$\frac{\partial \sum_{i=1}^{N} \varepsilon_i^2}{\partial b} = 0 \tag{3-51}$$

由式(3-48)~式(3-51)可得

$$\begin{cases} n\sum_{i=1}^{N} X_i^2 + b\sum_{i=1}^{N} X_i = \sum_{i=1}^{N} X_i Y_i \\ n\sum_{i=1}^{N} X_i + Nb = \sum_{i=1}^{N} y_i \end{cases} \tag{3-52}$$

因此只要算出 $\sum_{i=1}^{N} X_i^2$，$\sum_{i=1}^{N} X_i$，$\sum_{i=1}^{N} X_i Y_i$，$\sum_{i=1}^{N} y_i$ 四个值，并将其代入式(3-52)就可解出 n,b 值，然后由 $b = \ln c$ 求出 c 值，这样就求出了准则方程的具体形式。

注:若想用最小二乘方法求出 c,n 值，五组(Re,Nu)数据不够，需在同一实验台多测出五组数据。

3.3 空气沿横管表面自然对流放热实验

单相流体自由流动换热取决于流体的运动状态、流体的物性参数、壁面的几何特征(形状、尺寸和位置等)以及换热的边界条件。因此,自由流动换热项目很多,如仅就一些典型情况而言可按如下分。

①按壁面几何特征分:水平圆管,竖平壁或竖圆管,水平平板(热面朝上或朝下),有限厚度的空气夹层。

②按边界条件分:常热流边界条件,常壁温边界条件。

③按流态分:层流,紊流。

换热的单值性条件不同,它们的换热规律亦不同,由实验得到的准则方程式也会有差别。显然,要想在同一套实验设备上进行上述不同情况下的自由流动换热实验是不可能的。本节仅介绍空气沿水平圆管层流自然对流换热的实验方法,其边界条件近似于常热流。

3.3.1 实验目的和要求

①了解空气沿管表面自然对流的实验方法,巩固课堂上学过的知识;

②测定单管的自然对流放热系数;

③根据对自然对流放热的相似分析,整理出准则方程式。

3.3.2 实验原理

对铜管进行电加热,平衡时加热量应是以对流和辐射两种方式来散失的,所以对流换热量为总热量与辐射换热量之差,即

$$\Phi = \Phi_c + \Phi_r \tag{3-53}$$

而

$$\Phi = UI \tag{3-54}$$

$$\Phi_c = hA(t_w - t_f) \tag{3-55}$$

$$\Phi_r = c_0 \varepsilon A \left[\left(\frac{T_w}{100} \right)^4 - \left(\frac{T_f}{100} \right)^4 \right] \tag{3-56}$$

联立式(3-53)、式(3-54)、式(3-55)和式(3-56)得

$$h = \frac{IU}{A(t_w - t_f)} - \frac{c_0 \varepsilon}{(t_w - t_f)} \left[\left(\frac{T_w}{100} \right)^4 - \left(\frac{T_f}{100} \right)^4 \right] \tag{3-57}$$

式中 Φ——电加热器产生的热量,W;

Φ_c——对流换热量,W;

Φ_r——辐射换热量,W;

U——电加热器的加热电压,V;

I——电加热器的加热电流,A;

h——自由对流换热系数,W/(m^2·K);

A——横管自由对流换热的表面积,m^2;

t_w——管壁的平均温度,℃;

T_w——管壁的绝对温度,K;

t_f——室内空气的温度,℃;

T_f——室内空气的绝对温度,K;

c_0——黑体的辐射系数,W/(m^2·K^4);

ε——试管表面黑度。

根据相似理论,对于自由对流换热,努谢尔特数 Nu 是格拉晓夫数 Gr、普朗特数 Pr 的函数,即

$$Nu = f(Gr, Pr) \tag{3-58}$$

可表示成幂指数函数

$$Nu = c(Gr \cdot Pr)^n \tag{3-59}$$

式中 c,n 是实验常数,通过实验确定。为了确定上述关系式的具体形式,根据所测数据计算结果求得准则数

$$Nu = \frac{hd}{\lambda} \tag{3-60}$$

$$Gr = \frac{g\alpha\Delta t d^3}{\nu^2} \tag{3-61}$$

式中　d——准则关联式中的定性尺寸,在空气横吹单管中为管道的外径,m;

g——重力加速度,m^2/s;

α——空气膨胀系数,$\alpha = 1/T$,K^{-1};

Δt——管壁与周围空气间的温度差,$\Delta t = t_w - t_f$,℃;

λ——空气导热系数,W/(m·K);

ν——空气运动黏度,m^2/s。

对式(3-59)的等号两边求对数,得

$$\ln Nu = \ln c + n\ln(Gr \cdot Pr) \tag{3-62}$$

从式(3-62)可以看出,$\ln Nu$ 与 $\ln(Gr \cdot Pr)$ 呈直线关系,直线的斜率为 n,截距为 $\ln c$。

实验中,改变加热量可求得多组数据,把数据标在坐标纸上,得到以 $\ln Nu$ 为纵坐标、以 $\ln(Gr \cdot Pr)$ 为横坐标的一系列点,画出一条直线,使大多数点落在这条直线上或均匀分布在直

线的周围。

3.3.3　实验设备

　　本实验由数根直径不同的水平圆管组成,并配以相应功率的测量仪表(电流表、电压表或单相功率表)、温度测量仪表(电位差计或数字电压表、水银温度计)等。实验装置如图3.9所示。由于 Gr 准则的大小受管子直径影响最大,故只有采用一组不同直径的管子进行实验,才能获得较大 Gr 数范围内的实验数据。

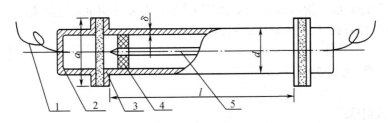

图3.9　实验装置
1—电源引出线;2—电源引出孔;3—聚苯乙烯泡沫;4—绝缘材料;5—电加热器

　　把镍铬电阻丝均匀绕制的加热器装在管内,管壁嵌有数对热电偶以测管表面温度,热电偶引出装置见图3.10。管壁平均温度由这些热电偶所测温度的算术平均值计算。

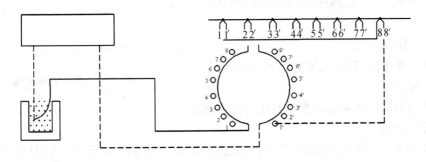

图3.10　热电偶引出装置示意图

　　管子的长度应远远大于它的直径,同时加强实验管端部的热绝缘,以减少端部热损失。管子表面的发射率应尽可能小些,为此表面应仔细擦拭,使其光滑,或镀镍铬,抛光。管子表面的空气自由流动应力求不受干扰。为此,实验管应与实验人员所在房间分开,使实验管周围空气处于静止状态。此外,要避免阳光直晒管子表面。若室内装有空调器或暖气设备,实验时应予关闭。

3.3.4 实验步骤

①按电路图接好线路,经指导老师检查后接通电源;
②调整调压器,对实验管加热;
③稳定六小时后开始测管壁温度,记录数据;
④间隔半小时再记一次,直到两组数据接近为止;
⑤选两组接近的数据取平均值,作为计算数据;
⑥记下半导体温度计指示的空气温度或用玻璃管温度计测量空气温度;
⑦经指导教师同意,将调压器调整回零位。

3.3.5 数据处理

(1)实验数据测取

实验数据应在充分热稳定的状态下测取。为此,对于每根管子,从实验加热开始,每隔一定时间测取一次温度,并在坐标纸上绘制如图3.11所示的曲线,从 t_w 随时间 τ 的变化情况,判断是否已达稳态。由于实验管功率一般比较低,故当实验管的热容量较大时,达到热稳态所需时间就比较长。

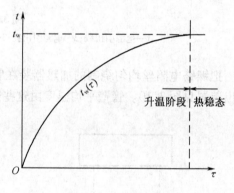

图3.11 壁面升温曲线

(2)实验数据的整理

关于实验数据的整理,主要有以下两个问题。

①定性温度

用壁温与周围空气温度的平均值作为定性温度。

②对流换热量

对流换热量等于管子散热量(测出的电加热功率)减去辐射散热量。辐射换热量可按大空间内包壁的辐射换热公式计算,即按式(3-56)计算。

实际上,与管子辐射换热的是周围的壁温,因此在计算辐射换热量时应采用壁面的温度 T'_f,它是墙壁、天花板和地板的综合值。在一般情况下,T'_f 很难准确测定,但是在室内外温度相差不太大的季节,将室内空气温度 T_f 作为 T'_f 是可行的。为了减少由此引起的误差,可将实验管设置在一个大套间内,使它不直接与墙壁和天花板辐射换热,而与套间壁面换热。

(3)由实验数据确定 Nu 及 $(Gr \cdot Pr)$ 数

将实验点标绘在以 $\ln Nu$ 为纵坐标、以 $\ln(Gr \cdot Pr)$ 为横坐标的双对数坐标图上,以回归分析方法确定式(3 – 59)中的系数 c, n 及实验点与代表线的偏差,并将结果与文献[7]推荐的经验准则式进行比较。

3.3.6　问题思考

1. 怎样才能使本实验的实验管的加热条件成为常壁温(或近似的常壁温)?
2. 管子表面的热电偶应沿长度和圆周均匀分布,目的何在?
3. 如果室内空气不平静,会导致什么后果?
4. 本实验的($Gr \cdot Pr$)范围有多大? 是否可达到紊流状态?

3.4　大容积沸腾放热系数的测定

3.4.1　实验目的

(1)了解加热面上气泡生成、长大、跃离直到萎缩的现象和规律;
(2)研究影响沸腾换热的主要因素,并找出改进方法;
(3)获得计算沸腾换热系数和临界热流密度的实验关系式。

3.4.2　实验原理

根据对流放热公式,对流放热系数的表达式为

$$h = \frac{\Phi}{A\Delta t} = \frac{q}{\Delta t} \tag{3 – 63}$$

式中　Φ——实验元件的发热量,W;
　　　A——实验元件的受热面面积,m^2;
　　　Δt——受热面与饱和水的温压,℃;
　　　q——实验元件的热负荷,$q = \Phi/A$,W/m^2。

在实验中,将 $\Phi, A, \Delta t$ 等数值都测出来,就可把沸腾过程的对流放热系数 h 的数值计算出来。

图 3.12 示出了大容积沸腾实验的原理图。在盛水的容器内放入实验元件,容器分成内缸与外缸两部分,在内外缸的夹层中也充满了水,容器外面由电炉加热,使夹层中的水始终处于沸腾状态,这样内缸中的水就可均匀地保持在饱和温度。

实验元件采用电加热的方法,交流和直流的电源都采用,但直流电源加热可以获得更高

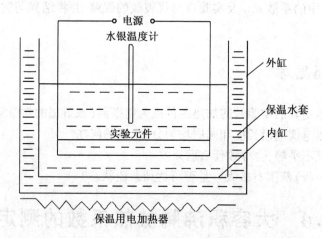

图3.12 大容积沸腾实验原理图

的测量精度,故在实验中都采用直流电源。在前面做过的几个实验中,大多采用间接加热的方法(如图3.13(a)所示),即在实验元件中间放入电炉丝,由电炉丝通电发热,热量经过电绝缘材料层后再传导给实验元件。在超过某一热负荷时电炉丝即被烧毁。因为沸腾放热的热负荷是非常高的,所以这种加热方法不适用。为了在实验元件表面取得很高的热负荷,我们采用直接加热的方法(如图3.13(b)所示),即对实验元件直接通电短路发热,因为实验元件的电阻都很小,所以通过的电流就很大,通常达数百安培或数千安培;另外,实验元件的本体上是带电的。这些都是这种加热方法的缺点。

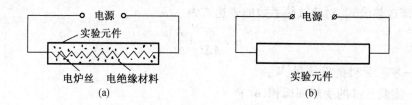

(a)   (b)

图3.13 实验元件采用加热的方法

(a)电炉丝通电发热间接加热实验元件;(b)实验元件直接通电短路发热

电加热发出的热量计算式为

$$\Phi = IU \tag{3-64}$$

式中 I——通过实验元件的电流,A;

U——实验元件两端的电位差,V。

为了精确测量 I 和 U 的数值,我们采用如图3.14所示的测量方法:

①从实验元件两端的电极上引出电压测量线,用直流数字电压表测量实验元件两端的电位差。

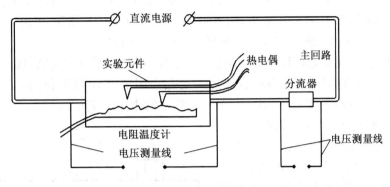

图 3. 14 电流和电压的测量方法

②在主回路上接入分流器,分流器实质上是一种大功率的标准电阻,电流通过它时会产生一个电压降 U,用直流电压表测量这个 U 值,已知分流器的电阻为 R,由此可以算出通过实验元件的电流为 $I = U/R$;

③用热电偶温度计和电阻温度计同时测量实验元件的表面温度,热电偶的热电势用电位差计测量,电阻温度计的电阻值用电位差计并配合标准电阻来测量。

3.4.3 实验设备

1. 实验元件

(1)典型的实验元件(薄壁圆管)

图 3.15 给出了这种元件的基本结构。元件是用 1Cr18Ni9Ti 耐热合金钢薄壁圆管制成的,这种材料具有较高的电阻系数。实验段为一直管,两端焊有圆形的铜电极,在铜电极上焊有导线束,导线束的末端焊有接线鼻子,用螺母固定在盖板的铜接线柱上。实验段中放入铜电阻温度计和镍铬－镍铝热电偶。电阻温度计就是一个用高强度漆包线绕制的线圈,它和

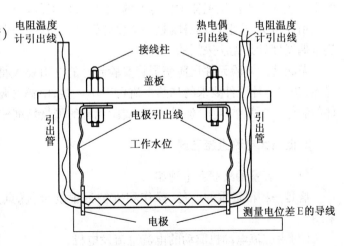

图 3.15 典型实验元件基本结构

热电偶都经电绝缘后自由放入实验段的管内,因为实验段管内不存在传热现象,所以经过一段时间的热稳定后,热电偶和电阻温度计的温度就可以认为等于管子内壁的温度。为了将电阻温度计和热电偶的接线引出水面,在实验段的两端焊有带弯头的引出管,引出管的末端也是固定在盖板上,在圆形电极的两端各焊有一根供测量电位差用的导线。

这种实验元件的优点是可以得到较高的测量精度,因为被测温度由电阻温度计和热电偶同时测量,所以可以互相纠正。其缺点是实验元件的电阻值较小,故欲得到高的热负荷时,加热电源的容量要求达到 3 000 ~ 6 000 A,另外,元件的制作也比较困难。

（2）简化的实验元件（条状薄片）

图 3.16 给出了这种元件的基本结构。

在盖板上固定两根柱作为电极,在电极的下端焊上实验段,实验段是一狭条状（宽度为 3 ~ 5 mm）的薄铜片。为什么要用薄铜片呢？实验段材料的选择有下列几个原则:尽量大的电阻温度系数,抗腐蚀性好,即化学稳定性好,铂和铜都能较好地满足这些要求。实验段制成光滑的弧形以减小温度变化时的机械应力,机械应力的变化同样会造成电阻的变化,这就是测量误差。

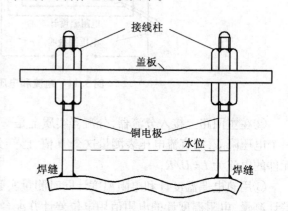

图 3.16　简化实验元件基本结构

当实验段通过电流而发热时,如果实验段两端的电位差为 U,通过实验段的电流为 I,把铜电极的电阻略去不计,则实验段的电阻可用下式计算出来:$R = U/I$。因为实验段的电阻温度关系是预先在油浴恒温器中标定好的,所以实验段的电阻求得后,就可求出它的温度值。

由此可见,实验段本身既是一个发热元件,又是一个电阻温度计,对于这种形状的实验段,热电偶温度计是无法采用的。

条状薄片实验元件比薄壁圆管实验元件的电阻要大得多,因此在获得同样大热负荷的情况下,条状薄片元件要求的加热电流可以小一些,电源容量在 200 A 以上就可满足。另外,元件的制作也要简单得多,但是,这种实验元件的测量精度较差。

2. 低压大电流直流电源

（1）大容量的潜艇蓄电池组

这是一种很贵重的设备,操作和维护都很复杂,优点是输出电压稳定,这种设备很少被采用。

（2）由交流电动机驱动的电流直流发电机

这是一种很庞大而贵重的设备,输出直流电流可达 3 000 ~ 6 000 A,管理也较复杂。过去它用得很多,但因现在已很少采用而成为一项落后的技术了。

(3)硒整流器

硒是半导体材料的一种,它具有单向导电的性质,其逆向电阻是正向电阻的二百倍以上,故交流电通过时,负半波基本上被切掉而成为脉动的直流电,再经过电容滤波后,成为比较平稳的直流电,需要的电压愈高,硒整流片串联的片数也愈多,需要的电流愈大,则硒片的面积也愈大。硒整流器的出现是整流技术的一大革新。它的突出优点是简单、方便、可靠。

(4)硅整流器

近十年来,半导体技术的发展非常迅速,继硒之后又发现了锗、硅等性能更为优良的半导体材料。特别是硅,在制造大功率二极管方面有更大的优越性,所以硅整流器是近代的一项新技术,在性能上优点突出。

硅整流二极管分成可控的和不可控的两部分。可控的具有更大的优越性,它可以去掉交流侧的调压变压器而使整个设备简化,降低成本,但其技术上的难度大一些。我们在这里采用的是不可控的硅二极管整流设备。硅整流器的代表符号及其整流线路与硒整流器是完全一样的。图 3.17 示出了这种设备主回路的原理图。

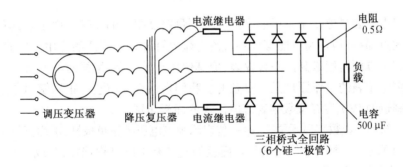

图 3.17　硅整流器主回路原理图

首先把电力网的三相交流电引入调压变压器,使输入的交流电压变成任意可调的形式,然后引入降压变压器。降压变压器的初级线圈具有较多的匝数,导线的直径较细,并作星形连接,降压变压器的次级线圈具有较少的匝数,导线较粗,并作三角形连接,从这里输出的是低电压大电流的交流电。然后引入三相桥式全波整流电路,这里有六个硅二极管,每个二极管的额定电流为 200 A,耐压(峰值),三相全波整流出来的脉动电压要比单相半波整流出来的平稳得多,再经过电阻电容滤波后使电压更加平稳,就可送入负载。

3. 分流器

分流器的结构如图 3.18 所示。分流器的两端为两个大铜块,在铜块上装有接线柱,把锰铜电阻浇铸在两个铜块之间,把电流接线柱接入需要测量电流的主回路内,则强大的电流通过

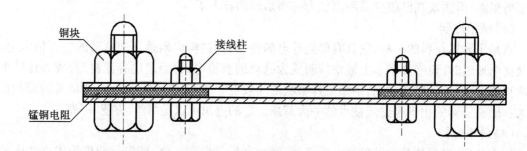

铜块

接线柱

锰铜电阻

图 3.18   分流器的结构

锰铜电阻片而产生一个电压降,再利用两个电位测量接头把这个电压降测量出来。由于分流器的电阻是已知的,就可计算出电流的数值。分流器工作时的温升在 40 ℃ 以上,因为锰铜的电阻温度系数最小,所以保证了电阻值不会有太大的变化。

4. 直流数字电压表

直流数字电压表是近年来发展起来的一种测量精度很高的仪表。由于它具有精度高而且使用简单的优点,故在很多场合能够代替直流电位差计而得到广泛的应用。目前,直流电位差计是在电压测量方面精度最高的一种仪表,但其使用比较复杂,采样时间太长。

直流数字电压表的工作原理是很复杂的。我们在这里介绍它的正确使用方法,图 3.19 为上海电表厂制造的 PZ5 型五位数字直流电压表的面板布置。

面板的顶部是一块数字显示屏幕,第一位表示被测电压的正负极性,下面五位是电压的有效数字,并带有小数点,读数的单位是伏特。面板的左端是电压量程选择,分成 2 V,20 V,200 V,600 V,自动(最大 200 V)等挡。

这种量程分挡在一般仪表中也是常见的。值得指出的是,在这里还有一个自动挡,在测量 200 V 以下电压时,仪器会自动跳挡。例如,测量 15 V 时会自动跳到 20 V 挡上,这对使用者带来很大的方便。

量程旋钮的最后一挡为校正挡,为了使读数有较高的准确性,仪表要经过校正。首先,将校正旋钮置于"零位",此时,屏幕上应交替出现 + 0.000 0 和 − 0.000 0,如果不是这样,则可旋转校零电位器 1;然后,将校正旋钮置于" + 1.018 6",此时,屏幕上应出现相应的数字,如有误差,则旋转校正电位器 2。用同样的方法校正电位器 3。

如果不需要较高的准确读数,仪表的预热时间可以缩短,并省去校正步骤。否则,仪表需要预热一小时,并在一小时后进行校正和测量。

面板的右端是采样选择旋钮,如放在"手动"位置上,则为手动采样,此时,每按动一下按钮 4 则采一次样,不按动按钮 4 就不采样。把按钮放在"自动"位置上,仪表就能自动采样,并

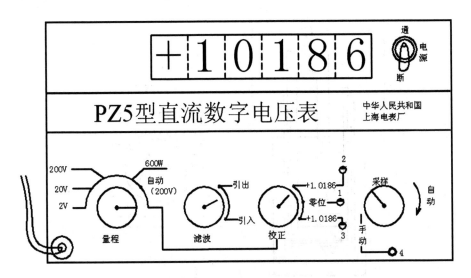

图3.19 直流数字电压表的面板布置图

且还能变更采样频率,将按钮愈向顺时针方向旋动,采样的频率就愈高。

面板左下角伸出一条电缆,这就是测量电压的输入端,带有红黑两个夹子,当仪表调零时必须将两个夹子互相夹住,以保证输入电压为零;不使用时,最好也将它们互相夹住,免得输入过载。红夹子接正电位,黑夹子接负电位或零电位,这时屏幕上就显示出正号,若反过来接,屏幕上则出现负号。

5. 实验装置系统

图3.20为实验设备的本体,其试件为不锈钢薄管1,其两端通过电极管3引入低压直流大电流,将不锈钢管加热。管子放在盛有蒸馏水的玻璃容器4中,在饱和温度下,调节加热器的电压,可改变加热管表面的热负荷,能观察到气泡的形成,扩大,跃离过程;泡状核心随着加热管热负荷提高而增多的现象。管子的发热量由流过加热管的电流及其工作段的电压降来确定。为避免试件端部的影响,在 a,b 两点测量工作段的电压降,以确定通过 a,b 之间表面的散热量 Φ。试件外壁测度 t_2,很难直接测定,对不锈钢管试件,可利用插入管内的镍铬 – 康铜热电偶2测出管内壁温度 t_1,再通过计算求出 t_2。

整个实验装置见图3.21。加在管子两端的直流低压大电流由硅整流器2供给,改变硅整流器的电压可调节不锈钢管两端的电压及流过的电流。测定标准电阻3两端的电压降可测定流过不锈钢管的工作电流。实验台中为方便起见,省略了冰瓶,测量管内壁温度的热电偶的参数点温度不是摄氏零度,而是容器内水的饱和温度 t_s,即其热端7放在管子内,冷端8放在蒸馏水中,所以热电偶反映的是管内壁温度与容器内水温之差的热电势输出 $E(t_1-t_s)$;容器内水温 t_s 用水银

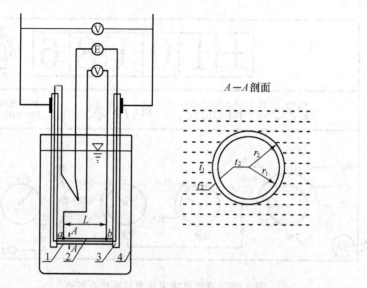

A—A 剖面

图 3.20　大容器内水沸腾放热试件本体示意图
1—不锈钢管试件;2—热电偶;3—引出管;4—玻璃容器

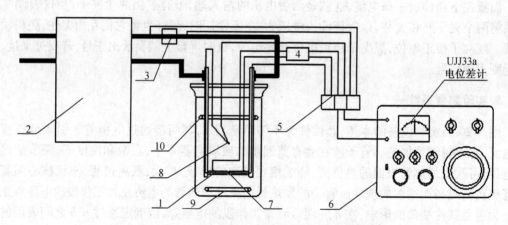

UJJ33a
电位差计

图 3.21　大容器内水沸腾放热实验装置系统简图
1—试件本体;2—硅整流器;3—标准电阻;4—分压箱;5—转换开关;6—电位差计;
7—热电偶热端;8—热电偶冷端;9—辅助电加热器;10—冷却管

温度计测量。为了能用一台电位差计 6 同时测定管内壁热电偶的毫伏值、试件 *a*-*b* 间电压降及标准电阻的电压降,设有一转换开关 5。在测量试件 *a*-*b* 间电压降时,由于电位差计量程不够,故在电路中接入一台分压箱 4。为使蒸馏水达到饱和温度,实验前先用辅助电加热器 9 将水加热沸腾,并保持其沸腾状态,即可进行实验。实验件的几何参数见表 3.3。

表 3.3 实验件的几何参数

参 数	单位	数 值
管子内半径 r_1	mm	1.8
管子外半径 r_2	mm	2
管子壁厚 δ	mm	0.2
工作段 $a-b$ 间长度 L	mm	83
工作段外表面 $F = 2\pi r_2 L$	m²	—
系数 $= \dfrac{1}{4\pi L\lambda}\left(1 - \dfrac{2r_1^2}{r_2^2 - r_1^2}\ln\dfrac{r_2}{r_1}\right)$	℃/W	—

3.4.4 实验步骤

1. 热电偶温度计和电阻温度计的标定

对于特殊用途的自己制造的热电偶和电阻温度计都要标定。标定在油浴恒温器中进行,标定的温度一定要大于测量温度,并在这个最高温度下保持一段时间使材料老化。这样,测量时的性能就比较稳定。

热电偶温度计要绘出 $E-t$(热电势-温度)曲线。

铜电阻温度计要绘出 R_t-t(电阻-温度)曲线。在 150 ℃ 以下的温度测量中,我们可以认为这是一条直线。这样我们就可以根据标定的数据整理出如下的直线公式

$$R_t/R_0 = 1 + \alpha(t - t_0) \tag{3-65}$$

式中 t_0——为某一起点温度,通常用 0 ℃;

R_0——对应起始温度时的电阻值,Ω;

α——电阻的温度系数,1/ ℃。

但是油浴恒温器往往得不到 0 ℃ 的状态,所以 R_0 的数值也就无从测得。可以用两种方法解决这个问题:

(1)外插法

在电阻温度计的直线关系绘出来后,用比例的外插法算出 0 ℃ 时的电阻值 R_0。

(2)用 20 ℃ 或 30 ℃ 作为起点温度

温度系数 α,对于不同的材料有不同的数值,根据标定的数据可以把 α 算出。

在油浴恒温器中标定时采用二级玻璃水银温度计。

2. 实验点的测量

（1）准备与启动

按图 3.20 将实验装置测量线路接好，调整好电位差计，使其处于工作状态。玻璃容器内充填蒸馏水至 4/5 高度。接通辅助电加热器。将蒸馏水烧开，并维持其沸腾温度。启动硅整流器，逐渐加大工作电流。

（2）观察大容器内水沸腾的现象

缓慢加大实验件的工作电流，注意观察下列的沸腾现象：在实验件的某些固定点上逐渐形成汽泡，并不断扩大，达到一定大小后，气泡跃离管壁，渐渐上升，最后离开水面。产生气泡的固定点称为汽化核心。气泡跃离后，又有新的气泡在汽化核心处产生，如此周而复始，有一定的周期，随实验件工作电流增加，热负荷加大，实验件表面上汽化核心的数目增加，气泡跃离的频率也相应加大，如热负荷增大至一定程度后，汽泡就会在壁面逐渐形成连续的汽膜，由泡态沸腾向膜态沸腾过渡。此时壁温会迅速升高，以至将实验件烧毁（实验中工作电流不允许过高，以防出现膜态沸腾）。

（3）数据测量与记录

调整主回路中的电功率，使实验元件在某一热负荷的工况下沸腾，待稳定后进行测量：

① 通过温度计测量容器内水的饱和温度 t_s，℃。

② 切换转换开关，用电位差计分别测量：管内壁温度与容器内水温差的热电势 $E(t_1, t_s)$，mV；管子工作段 $a - b$ 段的电压降 V_2，mV；标准电阻两端电压降 V_1，mV。

③ 为了测定不同热负荷下放热系数 h 的变化，工作电流在 20 ~ 100 A 范围内改变，共测 5 个工况。每改变一个工况，待稳定后记录数据。

④ 实验结束前先将硅整流器旋至零值，然后切断电源。

⑤ 将实验数据填入附录 14。

⑥ 根据以上实验数据算出对流放热系数 h 和温压 Δt 并做出 $h - \Delta t$ 关系曲线。

3.4.5　实验数据处理

（1）电流流过实验管，在工作段 $a - b$ 间的发热量 $\varPhi = IU$；电流 I 由它流过标准电阻 3（如图 3.21）产生的电压降 U_1 来计算。因为标准电阻为 100 A/100 mV，所以测得标准电阻 3 若有 1 mV 的电压降，等于有 1 A 的电流流过，即在数值上 $I = U_1$。

电压降由下式求得

$$U = T \times U_2 \times 10^{-3} \tag{3-66}$$

式中　T——FJ – 56 分压箱比率，$T = 10$；

$\quad\quad U_2$——测得图 3.20 试件 $a - b$ 分流电压的值，mV。

（2）试件表面热负荷 q

$$q = \Phi/A \qquad (3-67)$$

式中，A 为工作段 $a-b$ 间的表面积，m^2。

（3）管子外表面温度 t_2 的计算

试件为圆管时，按有内热源的长圆管进行分析，其管外表面为对流放热条件，管内壁面为绝热条件，根据管内壁面温度可以计算外壁面温度 t_2 为

$$t_2 = t_1 - \frac{\Phi}{4\pi\lambda L}\left(1 - \frac{2r_1^2}{r_2^2 - r_1^2}\ln\frac{r_2}{r_1}\right) = t_1 - \xi\Phi \qquad (3-68)$$

式中　λ——不锈钢管导热系数，$\lambda = 16.3\ \text{W}/(\text{m}\cdot\text{K})$；

Φ——工作段 $a-b$ 间的发热量，W；

L——工作段 $a-b$ 间的长度，m；

ξ——计算系数，$\xi = \dfrac{1}{4\pi\lambda L}\left(1 - \dfrac{2r_1^2}{r_2^2 - r_1^2}\ln\dfrac{r_2}{r_1}\right)$，$^{\circ}\text{C}/\text{W}$。

（4）泡态沸腾时放热系数 h

$$h = \frac{\Phi}{F\Delta t} = \frac{q}{t_2 - t_s} \qquad (3-69)$$

在稳定情况下，电流流过实验管发生的热量，全部通过外表面由水沸腾放热而带走。

（5）数据处理要求

①观察大容器内水沸腾的现象，描述气泡的形成、扩大、跃离过程、泡状核心随着管子热负荷提高而增加的现象。

②进行实验数据整理，填入附录 15。

③在坐标纸上绘制 $q-\Delta t$ 曲线。

④在坐标纸上绘制 $h-\Delta t$ 曲线。

⑤实验分析及误差产生原因分析。

3.4.6　注意事项

①预习实验报告，了解整个实验装置各个部件，并熟悉仪表的使用，特别是电位差计，必须按操作步骤使用，以免损坏仪器。

②为确保实验管不致烧毁，硅整流器的工作电流不得超过 100 A，以防实验管及硅整流器损坏。

③实验中注意安全，小心触电。

3.4.7　问题讨论

在上述实验数据的整理中,由于传热学知识的限制,有一些问题我们没有考虑,在精度要求较高的实验中,我们应考虑如下问题。

1. 实验元件两端电极散热量的修正:元件的长度愈大,这个散热量的影响就愈小,要用枢轴导热的计算法进行修正。

2. 实验元件表面温度的修正:对于圆管形的典型实验元件,测得的温度是元件内壁的温度,但整理放热系数时需要的是元件外壁的温度,这就造成误差。

3. 对于条状薄片的简化实验元件,测得的温度是整个薄片的平均温度,但整理放热系数时需要的是元件的表面温度,这也会造成误差;元件的壁面越薄,这个误差就愈小,要用内热源导热的计算法进行修正。

4. 加热器表面气泡是怎样产生? 什么样的加热表面最容易产生汽化核心,为什么?

第4章 辐射实验

4.1 辐射的实验研究

4.1.1 辐射实验研究的内容

辐射换热是非接触式换热。在辐射换热的研究中,需要知道参与辐射换热的物体辐射特性,如黑度 ε、反射率 ρ、吸收率 α 以及辐射换热物体之间的辐射角系数 X。这些参数,除较简单的集合形体与空间相对位置的辐射角系数外,一般都要依靠实验来确定。因此,实验测定上述参数,就构成了辐射实验研究的主要内容。

辐射换热是非接触式换热,所以利用这一特点可以进行非接触式测量,包括辐射高温计、比色高温计、红外测温计以及热像仪等非接触式测温技术。对这些测量技术的研究,在辐射实验研究中也占了重要位置。

4.1.2 黑度的测量

对于辐射换热计算以及利用辐射原理进行温度测量,都受到物体表面黑度值的直接影响。而黑度的影响因素是十分复杂的,一般并不把它作为物性参数,因为它不仅取决于物质的种类、温度,而且还取决于表面状态、投射射线的波长和方向。所以,到目前为止黑度数据的来源仍依靠实验测定。

在辐射中涉及光谱定向(法向)黑度、全波长法向黑度和全波长半球黑度,而在工程计算中应用最多的是全波长半球黑度。对于工程材料,全波长半球黑度与全波长法向黑度之比存在一定关系(对于金属,该比值为 1.2~1.3;对于非金属,该比值为 0.9~1.0),因此,知道其中一个黑度,便可求出另一个黑度。

黑度的测定方法有稳态法和瞬态法。稳态法中包括量热计法和辐射法,而瞬态法中主要是正常工况法。这里介绍的量热计法测量的是全波长半球黑度,辐射法测量的是全波长法向黑度。

量热计法的基本原理是利用物体在封闭空间的辐射换热计算公式计算,即

$$\Phi = \frac{c_0\left[\left(\dfrac{T_1}{100}\right)^4 - \left(\dfrac{T_2}{100}\right)^4\right]}{\dfrac{1-\varepsilon_1}{A_1\varepsilon_1} + \dfrac{1}{A_1 X_{1,2}} + \dfrac{1-\varepsilon_2}{A_2\varepsilon_2}} \qquad (4-1)$$

当采用非凹形物体 1 时(如图 4.1),在物体表面面积 $A_2 \gg A_1$ 条件下,$X_{1,2} = 1$ 且 $A_1/A_2 \to 0$,因此式(4-1)可简化为

$$\Phi = A_1 \varepsilon_1 c_0\left[\left(\frac{T_1}{100}\right)^4 - \left(\frac{T_2}{100}\right)^4\right] \qquad (4-2)$$

测量该系统的辐射换热热流 Φ 和辐射换热物体的表面温度 T_1,T_2,便可利用式(4-2)得到物体 1 的表面黑度 ε_1,由于 Φ 为辐射换热热流,故图 4.1 的封闭空腔应为真空,以消除对流换热和导热的影响。

辐射法是通过一个吸收表面对两个同温度的被测物体和人工黑体辐射能的吸收对比得到被测物体表面黑度的。这种方法虽然简单、易行,但由于数据处理过程中的简化和假设以及热损失估算的困难,故该法有较大的原理性误差和测量误差,精度不高。对于如图 4.2 所示的封闭空腔,$A_3 = A_1$,$T_1 > T_2 > T_3$,$\varepsilon_2 = \varepsilon_3 = 1$,在热平衡条件下,表面 A_3 的辐射热流 Φ_3 为

$$\Phi_3 = \varepsilon_1 A_1 E_{b1} X_{1,3} + \rho_1 A_2 E_{b2} X_{2,1} X_{1,3} + A_2 E_{b2} X_{2,3} - A_3 E_{b3} \qquad (4-3)$$

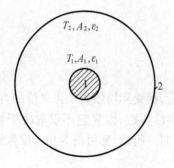

图 4.1 封闭空间的辐射换热

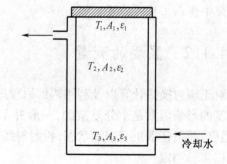

图 4.2 辐射法测量黑度

当其他条件不变时,T_3 取决于 ε_1。可以认为 $\rho_1 = 1 - \varepsilon_1 = 1 - \alpha_1$,并略去 $X_{1,3}$ 的高次项,当 $T_3 - T_2 \ll T_2$ 时,可由式(4-3)导出

$$T_3 - T_2 = K\varepsilon_1 \qquad (4-4)$$

其中

$$K = \frac{X_{3,1} \sigma (T_1^4 - T_2^4)}{h + 4\sigma T_2^3} \qquad (4-5)$$

式中,h 为 A_3 与冷却水的对流换热系数。

可见,当几何关系一定且 T_1,T_2,h 不变时,K 为常数。因此,如果用热电偶测量 T_2 和 T_3,

将其热结点布置在 A_3 上,将冷节点布置在 A_2 上,那么,热电偶的输出热电势 ΔU_1 将与 ε_1 成正比,即

$$\Delta U_1 = K' \varepsilon_1 \tag{4-6}$$

利用式(4-6)进行两次对比实验,便可求出被测表面的黑度。第一次实验,表面 A_1 采用人工黑体,即 $\varepsilon_1 = 1$,这时的热电偶输出为 ΔU_b,根据式(4-6),则

$$\Delta U_b = K' \tag{4-7}$$

第二次实验,表面 A_1 为被测表面,其热电偶输出值为 ΔU_1,因为两次实验保持几何关系、T_1、T_2 及 h 不变,所以 K' 为常数。于是,可将式(4-7)代入式(4-6),得到被测表面黑度 ε_1 为

$$\varepsilon_1 = \frac{\Delta U_1}{\Delta U_b} \tag{4-8}$$

正常工况法测定物体表面黑度的方法是一种非稳态的测试方法,它利用非稳态过程中正常工况阶段冷却率 m 等于常数这一特点来进行物体表面黑度的测定。如果试件在真空条件下进行测试,则称为绝对法,如果试件在大气环境中进行测试,则需将测试结果与标准试件的结果进行比较,方能得到被测试件的黑度值,这种方法称为相对法。

4.1.3　角系数的测量

测量角系数时要灵活应用角系数的相对性、可加性及完整性,具体计算时有直接积分法、代数分析法及查图法。角系数测量仪的测量原理可见 4.4。

4.1.4　反射率的测量

反射率的测量通常使用的方法有积球法、半球镜法和随球镜法等,这方面的知识,参考文献[3]作了很好的归纳与介绍。

4.1.5　辐射换热的电阻网络模拟法

这是 A. K. Oppenhein 在 1956 年提出的一种辐射换热的分析方法,它是用电阻网络中电压、电流及电阻之间的关系来模拟辐射换热系统中的黑体发射力、热流和热阻的关系,使复杂的辐射换热计算简化。原则上,这种方法也可以作为模拟实验的方法来研究辐射换热系统中各换热表面的辐射热流与温度。这种电阻网络模拟法在传热学专著中都有论述。

4.2　铂丝表面黑度的测定

4.2.1　实验目的

(1)巩固已学过的辐射换热知识;

(2)熟悉测定铂丝表面黑度的实验方法;

(3)定量测定铂丝表面在温度为 100 ~ 500 ℃ 范围内的黑度;

(4)掌握热工实验技巧及有关仪表的工作原理和使用方法。

4.2.2　实验原理

在真空腔内,腔内壁 2 面(凹物体)与 1 面(凸物体)组成两灰体的辐射换热系统,如图 4.3 所示。

1,2 面的表面绝对温度、黑度和面积分别为 T_1 , T_2 , ε_1 , ε_2 和 A_1 , A_2 。表面 1,2 间的辐射换热量 $\Phi_{1,2}$ 为

$$\Phi_{1,2} = \frac{A_1(E_{b1} - E_{b2})}{1/\varepsilon_1 + A_1/A_2(1/\varepsilon_1 - 1)} \qquad (4-9)$$

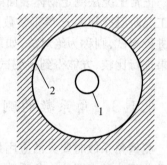

图 4.3　两灰体组成的封闭
辐射换热系统

若图 4.3 所示的物体 2 的表面积远远大于物体 1 的表面积,即 $A_1/A_2 \approx 0$,则式(4 – 9)可以简化为

$$\Phi_{1,2} = \varepsilon_1 A_1 \sigma(T_1^4 - T_2^4) \qquad (4-10)$$

式中,σ 为黑体辐射常数,$\sigma = 5.67 \times 10^{-8}$ W/(m² · K⁴)。

根据式(4 – 10)可得

$$\varepsilon_1 = \frac{\Phi_{1,2}}{A_1 \sigma(T_1^4 - T_2^4)} \qquad (4-11)$$

因此,只要测出 $\Phi_{1,2}$, A_1 , T_1 , T_2 ,即可由式(4 – 11)求得物体 1 的表面黑度。

4.2.3　实验设备

实验设备包括辐射实验台本体、直流稳压电源、电位差计、直流电流表及水浴等。

(1)实验台本体构造如图 4.4 所示,铂丝封

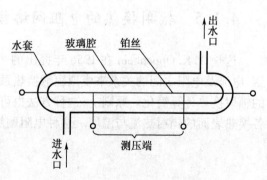

图 4.4　实验台本体构造示意图

闭在真空玻璃腔内,真空度达 5×10^{-4} mmHg。

铂丝直径 $d = 0.2$ mm,实验段长 $L = 100$ mm,故铂丝实验段表面积 $A_1 = 6.28 \times 10^{-5}$ m²,与铂丝两端相连的是与玻璃具有同样膨胀系数的钨丝,钨丝与电源相连。另外,在铂丝实验段两端还引出两根导线作测量电压用。腔外加一层玻璃套,套中通冷却水,分别留有进出水口,循环水温由水浴控制。

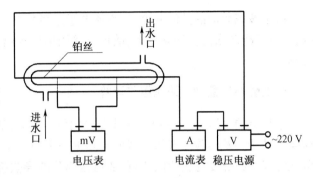

图 4.5   实验系统示意图

(2)实验系统如图 4.5 所示,本装置的电路系统功率大小是通过稳压源控制,负载在 2 ~ 8 V,0.5 ~ 1.5 A 范围内调整,通过铂丝实验段的电压和电流由电位差计和电流表读出。

4.2.4   实验步骤

(1)按图 4.5 连接有关仪表:稳压电源、电流表及电位差计等;
(2)按照每个仪表的操作规程进行调试;
(3)调节稳压电源,控制铂丝的电压 U 与电流 I;
(4)待铂丝温度稳定后,记录 U,I 及出水口水的温度;
(5)重复步骤 3 和 4,测量另一温度下的实验数据;
(6)整理实验数据。

4.2.5   数据处理

1. 铂丝表面温度 t_1 的测定

在实验台中,铂丝本身既为发热元件,又是测量元件。测温采用电阻法,铂丝表面温度可通过下式求得

$$t_1 = (R_t - R_0)/(R_0 a) \qquad (4-12)$$

式中 R_0, R_t ——铂丝在 0 ℃和 t ℃时的电阻,Ω,$R_0 = 0.28$ Ω,R_t 可通过测出的实验段电压 U 与电流 I 计算出,$R_t = U/I$,Ω;

a ——铂丝的电阻温度系数,$a = 3.9 \times 10^{-3}$ 1/℃。

2. 玻璃表面温度 t_2 的测定

由于玻璃表面的热流密度小,而水与玻璃的换热系数又较大,故可用冷却水的平均温度代替,又由于冷却水温度变化不大,故可直接用出口水温代替平均温度。出口水温用玻璃管温度计测量。

3. 辐射换热量 $\Phi_{1,2}$ 的测量与计算

用测出的电压 U 与电流 I 值计算出铂丝实验段的发热量 Φ,Φ 等于实验段与空腔间的辐射换热量 $\Phi_{1,2}$ 及实验段端部导线的导热损失之和。实验段外的铂丝部分,由于也产生热量,故可认为其表面温度与实验段相近,通过这部分的导热损失可忽略不计。导热损失主要是由电压引线引起的,这部分热量损失主要和导线的导热系数、表面黑度、平均温度、两端温差、表面积、长度及空腔环境有关,因为环境温度、导线材料及几何尺寸已定,所以热量损失主要和两端温差及导线平均温度有关,辐射换热量 $\Phi_{1,2}$ 可写为

$$\Phi_{1,2} = B\Phi \tag{4-13}$$

式中,B 为系数,通过大量实验得

$$B = \exp(0.003\ 77\Delta t - 4.074) \tag{4-14}$$

式(4-14)适用范围为 $\Delta t = 100 \sim 500\ ℃$,冷却水温度为室温。

4. 黑度计算

物体 1 表面的黑度可根据式(4-11)计算出。

5. 黑度随温度变化的关系式

在 $100 \sim 500\ ℃$ 之间,铂丝的真实黑度与温度之间近似的线性关系为

$$\varepsilon = a + bt \tag{4-15}$$

在坐标纸上将 $\varepsilon = f(t)$ 的实验段数据绘出,如图 4.6 所示,根据直线方程,可求出 a 及 b,亦可利用计算机用最小二乘法算出 a 及 b。

4.2.6　注意事项

(1)输入铂丝的电流不得超过 1.5 A。

(2)实验停止后,应及时切断电源。

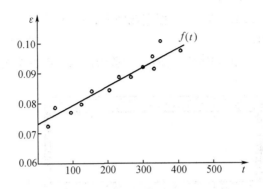

图 4.6 黑度随温度变化曲线图

4.3 中温辐射时物体黑度的测试

4.3.1 实验目的

用比较法定性地测量中温辐射时物体黑度 ε。

4.3.2 实验原理

由 n 个物体组成的辐射换热系统中,利用净辐射法,可以求第 i 个物体的纯换热量 $\Phi_{\mathrm{net},i}$,即

$$\Phi_{\mathrm{net},i} = \Phi_{\mathrm{abs},i} - \Phi_{\mathrm{e},i} = \alpha_i \sum_{k=1}^{n} \int_{A_k} E_{\mathrm{eff},k} X_{k,i} \mathrm{d}A_k - \varepsilon_i E_{b,i} A_i \qquad (4-16)$$

式中　$\Phi_{\mathrm{net},i}$——第 i 个面的净辐射换热量,W;

$\quad\quad\Phi_{\mathrm{abs},i}$——第 i 个面从其他表面吸收的热流量,W;

$\quad\quad\Phi_{\mathrm{e},i}$——第 i 个面本身的辐射热流量,W;

$\quad\quad\varepsilon_i$——第 i 个面的黑度;

$\quad\quad X_{k,i}$——第 k 个面对第 i 个面的角系数;

$\quad\quad E_{\mathrm{eff},k}$——第 k 个面的有效辐射力,W/m²;

$\quad\quad E_{b,i}$——第 i 个面的黑体辐射力,W/m²;

$\quad\quad\alpha_i$——第 i 个面的吸收比;

A_i——第 i 个面的面积, m^2。

本实验辐射换热模型如图 4.7 所示,根据此模型,可以认为:

(1)传导圆筒 2 为黑体。

(2)热源、传导圆筒 2、待测物体 3(受体),三者表面上的温度均匀。

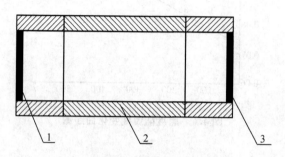

图 4.7　辐射换热简图
1—热源;2—传导圆筒;3—待测物体

因此,式(4 − 16)可写成

$$\Phi_{net,3} = \alpha_3 (E_{b1} A_1 X_{1,3} + E_{b2} A_2 X_{2,3}) - \varepsilon_3 E_{b3} A_3 \qquad (4 - 17)$$

因为 $A_1 = A_3, \alpha_3 = \varepsilon_3, X_{3,2} = X_{1,2}$,又根据角系数的互换性 $A_2 X_{2,3} = A_3 X_{3,2}$ 得

$$q_3 = \Phi_{net,3}/A_3 = \varepsilon_3 (E_{b1} X_{1,3} + E_{b2} X_{1,2}) - \varepsilon_3 E_{b3}$$

$$= \varepsilon_3 (E_{b1} X_{1,3} + E_{b2} X_{1,2} - E_{b3}) \qquad (4 - 18)$$

由于表面 3 与环境主要以自然对流方程换热,因此待系统平衡时有

$$q_3 = h(t_3 - t_f) \qquad (4 - 19)$$

式中　q_3——表面 3 的热流密度, W/m^2;

　　　h——自然对流换热系数, $W/(m^2 \cdot K^4)$;

　　　t_3——待测物体(表面 3)温度, ℃;

　　　t_f——环境温度, ℃。

由式(4 − 18)、式(4 − 19)得

$$\varepsilon_3 = \frac{h(t_3 - t_f)}{E_{b1} X_{1,3} + E_{b2} X_{1,2} - E_{b3}} \qquad (4 - 20)$$

当热源 1 和黑体圆筒 2 的表面温度一致时, $E_{b1} = E_{b2}$,并考虑到实验台的三个表面组成了封闭系统,则

$$X_{1,3} + X_{1,2} = 1$$

由此,式(4 − 20)可写成

$$\varepsilon_3 = \frac{h(t_3 - t_f)}{E_{b1} - E_{b3}} = \frac{h(t_3 - t_f)}{\sigma(T_1^4 - T_3^4)} \qquad (4 - 21)$$

对不同待测物体 a, b 的黑度为

$$\varepsilon_a = \frac{h_a(T_{3a} - T_f)}{\sigma(T_{1a}^4 - T_{3a}^4)} \qquad (4-22)$$

$$\varepsilon_b = \frac{h_b(T_{3b} - T_f)}{\sigma(T_{1b}^4 - T_{3b}^4)} \qquad (4-23)$$

由于 $h_a = h_b$, 则

$$\frac{\varepsilon_a}{\varepsilon_b} = \frac{T_{3a} - T_f}{T_{3b} - T_f} \times \frac{T_{1b}^4 - T_{3b}^4}{T_{1a}^4 - T_{3a}^4} \qquad (4-24)$$

当 b 为黑体时, $\varepsilon_b = 1$, 则式(4-24)可写成

$$\varepsilon_a = \frac{T_{3a} - T_f}{T_{3b} - T_f} \times \frac{T_{1b}^4 - T_{3b}^4}{T_{1a}^4 - T_{3a}^4} \qquad (4-25)$$

4.3.3　实验装置

实验装置简图如图 4.8 所示。

热源腔体具有一个测温电偶,传导腔体有两个热电偶,被测元件有一个热电偶,它们都可通过琴键转换开关来切换。

4.3.4　实验方法和步骤

本实验仪器用比较法定性地测量物体的黑度,具体方法是通过对三组加热器电压的调整(热源一组,传导体两组),使热源和传导体的测量点恒定在同一温度上,然后分别将"待测"(待测物体,具有原来的表面状态)和"黑体"(仍为待测物体,但表面薰黑)两种状态的受体在恒温条件下,测出受到辐射后的温度,就可按公式计算出待测物体的黑度。

具体步骤如下:

(1)热源腔体和待测物体(具有原来表面状态)靠近传导体。

(2)接通电源,调整热源、传导左、传导右的调温旋钮,使热源温度在 50 ℃至 150 ℃范围内某一温度,受热约 40 min 左右,通过测温转换开关及测温仪表测试热源、传导左、传导右的温度,并根据测得的温度微调相应的电压旋钮,使三点温度尽量一致。

(3)也可以用数字电位差计测量温度。用导线将仪器上的测温接线柱 8 与电位差计上的"未知"接线柱正、负极连接好。按电位差计使用方法进行调零、校准并选好量程(×1 挡)。

(4)系统进入恒温后(各测温点基本接近,且在 5 min 内各点温度波动小于 3 ℃),开始测试待测元件温度,当待测元件温度 5 min 内的变化小于 3 ℃时,记下一组数据。待测物体(具有原来表面状态)实验结束。

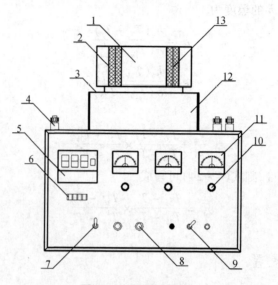

图 4.8　实验装置简图

1—传导体;2—热源;3—导轨;4—接线柱;5—数显温度计;
6—测温转换琴键开关;7—显示仪表与校正电位差计(自备)转换开关;
8—测温接线柱(红为＋);9—电源开关;10—调压旋钮;
11—热源及中间体电压表;12—导轨支架;13—被测元件

（5）取下待测物体,待其冷却后,用松脂(带有松脂的松木)或蜡烛将待测物体表面薰黑,然后重复以上实验,测得第二组数据。

将两组数据代入公式即可得出待测物体的黑度 ε。

4.3.5　实验数据记录和处理

将实验数据填入附录 16 的表格中,并按照实验原理所列方法进行待测物体表面黑度的计算。

4.3.6　注意事项

（1）热源及传导的温度不可超过 160 ℃。

（2）每次做原始状态实验时,建议用汽油或酒精将待测物体表面擦净,否则,实验结果将有较大出入。

4.4　微元表面 dA_1 到有限表面 A_2 的角系数测量实验

4.4.1　实验目的

(1)加深对角系数物理意义的理解,学习图解法求角系数的原理和方法;

(2)掌握角系数测量仪(即机械式积分仪)的原理和使用方法;

(3)用角系数测量仪测定微元表面 dA_1(水平放置)到有限表面 A_2(A_2 为矩形、垂直放置)的角系数 $X_{d1,2}$。

4.4.2　实验原理

角系数 $X_{d1,2}$ 是微元表面 dA_1 发射的辐射能落到有限面积表面 A_2 上的能量的份额。设 dA_1 为黑体,则 dA_1 发射的辐射能为

$$dΦ = dA_1 E_{b1} \tag{4-26}$$

式中,E_{b1} 为微元表面 dA_1 的黑体辐射力。

若落到 A_2 上的辐射能为 $dΦ_{d1,2}$ 则有

$$X_{d1,2} = \frac{dΦ_{d1,2}}{dA_1 E_{b1}} \tag{4-27}$$

根据定向辐射强度定义,$dΦ_{d1,2}$ 可表示为

$$dΦ_{d1,2} = I_{b1} \cdot \cosθ_1 dA_1 \cdot dΩ_1 \tag{4-28}$$

式中　I_{b1}——dA_1 的定向辐射强度,$I_{b1} = E_{b1}/π$,$W/(m^2 \cdot sr)$;

　　　　$dΩ_1$——A_2 上的微元面积 dA_2 对 dA_1 空间立体角,sr;

　　　　$\cosθ_1 dA_1$——dA_2 上所看到的辐射面积(可见辐射面积),m^2;

　　　　$θ_1$——dA_1 与 dA_2 的连线与 dA_1 的法线夹角。

图解法求角系数的具体方法是:以 dA_1 为球心,作一个半径为 R 的半球面(见图 4.9),再从 dA_1 中心向 dA_2 的周线上各点引直线,这些直线与球面的交点形成的面积记为 dA_S,显然 dA_S 对 dA_1 所张的立体角也是 $dΩ_1$,于是 $dΩ_1$ 可用球面上的 dA_S 来计算,可得

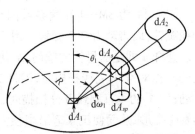

图 4.9　角系数 $X_{d1,2}$ 图解原理

$$d\Omega_1 = \frac{dA_S}{R^2} \tag{4-29}$$

将式(4-29)代入式(4-28)得

$$d\Phi_{d1,2} = \frac{E_{b1}}{\pi} \cdot \cos\theta_1 dA_1 \cdot \frac{dA_S}{R^2} = E_{b1}\frac{\cos\theta_1 dA_1 dA_S}{\pi R^2} \tag{4-30}$$

从 dA_1 中心到 A_2 的周线上各点作直线,这些直线在球面上截出的面积记为 A_s,则有

$$d\Phi_{d1,2} = \int_{dS} E_{b1}\frac{\cos\theta_1 dA_1 dA_S}{\pi R^2} = E_{b1}dA_1\int_{A_S}\frac{\cos\theta_1 dA_S}{\pi R^2} \tag{4-31}$$

式(4-31)中 $\cos\theta_1 dA_S$ 为球面上的面积 dA_S 在水平面上投影面积 dA_{S_p},于是式(4-31)可改写为

$$d\Phi_{d1,2} = E_{b1}dA_1\int_{A_{S_p}}\frac{dA_{S_p}}{\pi R^2} = E_{b1}dA_1\frac{A_{S_p}}{\pi R^2} \tag{4-32}$$

将式(4-32)代入式(4-27)式可得

$$X_{d1,2} = \frac{A_{S_p}}{\pi R^2} \tag{4-33}$$

式(4-33)为图解法求角系数的原理式。根据式(4-33),图解法求角系数 $X_{d1,2}$ 时,只要以 dA_1 为球心作一个半径为 R 的半球面,再从 dA_1 中心向 A_2 周线上各点引直线,各直线在球面上截出的面积为 A_s,最后将 A_s 投影到半球底面上得投影面积 A_{S_p},测量出 A_{S_p} 大小,就可按式(4-33)求出角系数 $X_{d1,2}$。

上述推导中曾假定 dA_1 为黑体,实际上在一定条件下式(4-33)对漫灰表面也成立。

4.4.3 实验仪器及使用方法

角系数测量仪是根据图解法原理测微元表面到有限表面角系数的机械式积分仪。本实验中用的是 SM—1 型机械式积分仪,它的基本结构见图 4.10。它主要由立柱、滑杆、平行连杆、镜筒、记录笔、平衡块、镜筒上的瞄准镜、底座、方位角旋钮、高变角旋钮等部分组成。

图 4.11 为 SM—1 型角系数测量仪示意图。立杆 1 垂直水平面 MN 于 B 点。立杆可绕其轴线旋转,以带动滑杆 2 旋转。滑杆 2 通过两根长度皆为 R 的平行连杆 a 和 b 保持与 MN 垂直。连杆 a 即是测量仪的镜筒,A 点为假想的球心(dA_1)。滑杆 2 的下部为记录笔 3。当镜筒上的 C 点对准 A_2 周线扫描时,滑杆 2 可以旋转和上下移动(对 A_2 的水平周线部分扫描时,滑杆转动;对 A_2 的垂直周线部分扫描时,滑杆上下移动,这时由立杆、滑杆、连杆 a 和 b 组成的四边形发生变形,从而使记录笔沿半径方向移动)。

测量时仪器放置见图 4.12。

瞄准镜是 dA_1,A_2 为垂直放置的 $a \times b$ 的矩形面积。在测量仪底座下放一张大白纸(或方

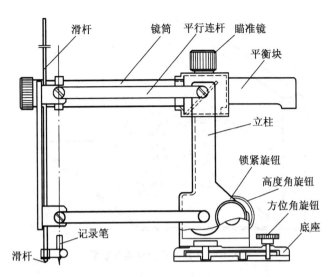

图 4.10 SM—1 型角系数测量仪结构图

滑杆 镜筒 平行连杆 瞄准镜 平衡块 立柱 锁紧旋钮 高度角旋钮 方位角旋钮 底座 记录笔 滑杆

格纸),手握平衡块使镜筒放到水平位置(即将连杆放到最低位置),然后手握平衡块使立柱旋转 360°,这时记录笔在白纸上画出一个半径为 R 的圆。再手握平衡块,通过瞄准镜瞄准 A_2 的周线扫描一周(瞄准时瞄准镜圆孔中心、十字中心与 A_2 周线上的点要连成一线),这时记录笔在白纸上画出的面积就是 A_{Sp},测量出 A_{Sp} 和圆的面积,两者之比就是角系数 $X_{d1,2}$(对 A_2 周线扫描时,也可通过调整方位角和高度角进行)。

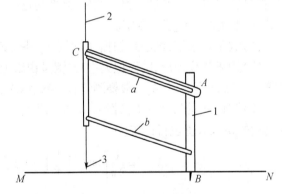

图 4.11 SM—1 型角系数测量仪示意图
1—立杆;2—滑杆;3—记录笔

4.4.4 实验步骤

(1)将测量仪盖板卸下,并水平地放在桌面上,放置时要把有定位铜圈的一面朝上。在盖板上贴上白纸,注意在盖板的定位铜圈处白纸要开一小孔以使定位铜圈露出。

(2)将测量仪放在盖板上,这时要使测量仪底座上的孔对准盖板上的定位铜圈。

(3)将仪器箱体依靠盖板垂直放置(注意盖板上的箭头要与箱体上箭头对准)。这时箱体上的 $a \times b$ 的矩形就是 A_2。

(4)将镜筒放到水平位置(即连杆放到最低位置),锁紧连杆,放下记录笔,旋转立杆(通过

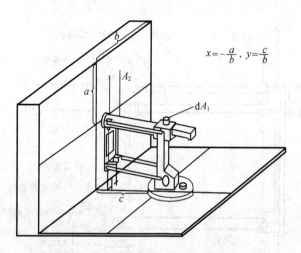

$$x = -\frac{a}{b}, \quad y = \frac{c}{b}$$

图 4.12　实验操作时仪器放置图

平衡块来旋转），使记录笔在白纸上画出半径为 R 的圆。

（5）将记录笔抬起，放松锁紧旋钮，调整方位角和高低角，瞄准 A_2 的周线进行扫描操作练习（扫描练习也可不通过调整方位角、高低角进行，而是直接手握平衡块进行），练习到扫描动作熟练、准确时方可正式测定。

（6）放下记录笔，细心地扫描 A_2 的周线一圈，记录笔这时在白纸上画出的面积即是 A_{Sp}。

（7）用求积仪测出 A_{Sp} 面积大小，并测量白纸上圆的半径 R 的尺寸，然后按式（4－33）进行计算。注意，对同一个 A_2 一般要测量若干次，以求得平均角系数。

（8）测量 A_2 的尺寸 a, b 及图 4.12 中的尺寸 c，按理论公式（4－34）计算出角系数 $X_{d1,2}$，并与测量的角系数值进行比较。

$$X_{d1,2} = \frac{1}{2\pi}\left[\tan^{-1}\left(\frac{1}{y}\right) - \frac{y}{\sqrt{x^2 + y^2}}\tan^{-1}\left(\frac{1}{\sqrt{x^2 + y^2}}\right)\right] \qquad (4-34)$$

4.4.5　注意事项

（1）锁紧旋钮通常应处于放松状态，当锁紧旋钮处于锁紧状态时，不得改变仪器的高度角，否则将损坏齿轮。

（2）每次扫描结束时应立即抬起记录笔，以免弄脏记录纸。

第5章 综合传热试验

5.1 换热器传热实验

5.1.1 实验目的

换热器传热实验的目的是,测定换热器的传热系数,以鉴定其传热性能的优劣,并作为取得传热数据,比较和改进换热器的依据。在一些条件下,通过适当的数据处理,还可以从传热系数中获得换热系数的数据,从而能更全面地了解换热的规律。但由于各种换热器的结构、材料、工质性质、工作原理以及工作条件等不同,其实验的方法和测试的参数会有较大的差异。

下面将以套管换热器传热为具体研究对象,叙述其实验方法及数据处理。这对于其他类型间壁式换热器的传热实验也有参考意义。

5.1.2 实验原理

换热器传热系数由下式确定

$$k = \frac{\Phi}{A \Delta t_m} \qquad (5-1)$$

式中 k——换热器传热系数,$W/(m^2 \cdot K)$;

     A——换热器传热面积,m^2;对于某些换热器,冷流体侧与热流体侧的换热面积相差较大,因此,传热系数 k 的数值与以哪一侧的面积为计算基准进行计算有关;

     Φ——冷热流体通过间壁交换的热量,W(必须注意,热流体释放的热量可能不等于冷流体的吸热量。因此,在用式(5-1)计算时,要根据换热器中冷热流体流道的具体安排情况,来决定采用热流体释放的热量或冷流体吸收的热量作为 Φ 的计算值);

     Δt_m——冷热流体间换热的平均温度差,℃

$$\Delta t_m = \psi \frac{\Delta t' - \Delta t''}{\ln \dfrac{\Delta t'}{\Delta t''}} \qquad (5-2)$$

     ψ——换热器温度差修正系数,它与换热器中冷热流体的流向及流动方式有关,对于逆流或顺流,$\psi = 1$;对于其他流动方式,可在文献[7]中查取 ψ 的值。

$\Delta t'$,$\Delta t''$——分别为换热器进出口端冷热流体间的温度差,若 $\Delta t' > \Delta t''$,则在 $\Delta t''/\Delta t' > 0.5$ 的情况下,上述温度差可用算术平均温度差代替,即

$$\Delta t_m = \frac{\Delta t' + \Delta t''}{2} \tag{5-3}$$

可见,当已知换热器面积 A 后,由实验中测出冷热流体的流量和进出口温度,就可以算出换热量及平均温差,从而可以由式(5-1)获得传热系数 k。此外,利用不同工况下的多次测量所获得的实验数据,经过适当的数据处理,还可进一步将冷热流体侧的换热系数 h_1 和 h_2 从传热系数中分离出来。通过这一手段,就可在不测壁温的情况下,对冷热流体的换热情况作较深入的认识。

5.1.3　实验设备

水-水套管换热器实验系统如图5.1所示。

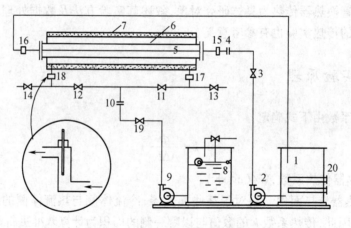

图5.1　套管换热器实验系统
1—可控温式电热水箱;2—水泵;3,11,12,13,14,19—阀门;
4,10—流量计;5—内管;6—套管;7—保温套;8—冷水槽;
9—水泵;15,16,17,18—温度测点;20—电加热器

热水由热水箱1提供,由泵2抽出经流量调节阀3、流量计4、进口温度测点15进入换热器内管5,与套管中的冷水进行换热后,经出口测点16仍旧排回热水箱中。冷水由冷却水池(或冷却水塔、自来水管线)进到冷水槽8,由泵9抽出,经流量调节阀19、流量计10、阀11、温度测点17进入套管换热器的套管6,再经温度测点18、阀14排入冷却池(或冷却水塔、排水沟)。这时阀12、13是关闭的,冷水与热水为顺流换热,若将阀门12、13打开,而关闭阀门11

和14,则构成逆流工况。

温度由玻璃温度计或热电偶测量。使用玻璃温度计时,应按图中所示方法安装,使温度计处于铅垂位置,并且测头对准水流方向。流量计可以用孔板流量计、转子流量计或涡轮流量计(配频率计数仪)等。热水箱的水温采用手动或可控硅自动调节装置控制,使热水温度稳定不变,这是使实验工况稳定的关键。

除传热测量外,换热器实验还往往要同时进行阻力测量。为此,可在热水和冷水的进出口之间分别装两套 U 形管水银压差计。

5.1.4 实验方法及数据整理

实验前应将内管抽出,进行仔细擦洗去掉管内外表面明显的锈、水垢、油污等。检验冷水系统各阀门是否严密,关闭时如仍有水漏过,将影响实验结果。实验时,可先进行顺流工况实验,再进行逆流工况的实验,并需待系统各项温度达到稳定工况时,才能测取各项数据作为实验记录。实验中,用改变热水流量和热水进口温度来变更实验工况,而冷水侧流量固定不变。

5.1.5 数据处理

1. 水的流速

热水流速

$$u_1 = \frac{\dot{m}_1}{\frac{\pi}{4}d_1^2\rho_1} \qquad (5-4)$$

冷水流速

$$u_2 = \frac{\dot{m}_2}{\frac{\pi}{4}(d_3^2 - d_2^2)\rho_2} \qquad (5-5)$$

式中 u_1——热水流速,m/s;

u_2——冷水流速,m/s;

$\dot{m}$——流量,kg/s;

ρ——密度,kg/m^3;

d_1——内管内径,m;

d_2——内管外径,m;

d_3——外管内径,m。

除管径外热水参数均标以下标"1",冷水参数均标以下标"2"。

2. 传热量

实验中,热水在内管流过,它释放的热量即通过换热面传递的热量,即

$$\Phi_1 = \dot{m}_1 c_1 (t_1' - t_1'') \tag{5-6}$$

式中　Φ_1——热流体的放热量,W;

c_1——水的比热容,J/(kg·℃);

t_1'——热流体的进口温度, ℃;

t_1''——热流体的出口温度, ℃。

为校验热量的测量是否有重大差错,应同时根据冷水进出口温差及流量,计算冷却水的吸热量,冷却水吸热量的计算公式为

$$\Phi_2 = \dot{m}_2 c_2 (t_2'' - t_2') \tag{5-7}$$

式中　Φ_2——冷流体的吸热量,W;

c_2——水的比热容,J/(kg·K);

t_2'——热流体的进口温度, ℃;

t_2''——热流体的出口温度, ℃。

在保温良好的情况下,Φ_1 与 Φ_2 之差的绝对值不应超过实验所允许的精度范围。这种校验计算,应在每一实验点测量之后进行。

3. 计算传热系数

由式(5-1)计算传热系数。此时,传热面积可采用管的内外径的平均值,即

$$A = \pi L \frac{d_1 + d_2}{2} \tag{5-8}$$

式中　L——内管有效换热面长度,m。

4. 传热系数、阻力与流速的关系

按顺流及逆流方式,分别在以传热系数为纵坐标、流速为横坐标的双对数图上标绘实验点,并用适当方法整理传热系数与流速的关系(速度采用变化侧的流速,即热水侧流速),即

$$k = C u^n \tag{5-9}$$

式中,C, n 为常数。

用同样方法整理阻力降 Δp 与流速的关系,即

$$\Delta p = C' u^{n'} \tag{5-10}$$

式中,C', n' 为常数。

5. 由传热系数分离出冷水及热水的换热系数

（1）计算式的导出

根据通常采用的管内受迫紊流换热准则方程式的形式，内管的准则方程式为

$$Nu_1 = C_1 Re_1^{P_1} Pr_1^{1/3} \left(\frac{\mu_1}{\mu_{w1}}\right)^{0.14} \qquad (5-11)$$

式中，P_1 为系数，管内紊流流动换热取 $P_1 = 0.8$。

套管的准则方程式为

$$Nu_2 = C_2 Re_2^{P_2} Pr_2^{1/3} \left(\frac{\mu_2}{\mu_{w2}}\right)^{0.14} \qquad (5-12)$$

式中，μ 为动力黏度，$kg/(m \cdot s)$；带有下标"w"的量表示定性温度取壁温，其他量则用流体进出口温度的平均值作为定性温度。

式（5-11）与式（5-12）可改写成

$$h_1 = C_1 Re_1^{P_1} B_1 / \mu_{w1}^{0.14} \qquad (5-13)$$

$$h_2 = C_2 Re_2^{P_2} B_2 / \mu_{w2}^{0.14} \qquad (5-14)$$

式中：B_1 及 B_2 中包含的物性参数均由流体的平均温度确定，故 B_1 及 B_2 的数值可直接由实验数据算出，即

$$B_1 = Pr_1^{1/3} \frac{\lambda_1 \mu_1^{0.14}}{d_1}$$

$$B_2 = Pr_2^{1/3} \frac{\lambda_2 \mu_2^{0.14}}{d_3 - d_2}$$

式中　λ——导热系数，$W/(m \cdot ℃)$。

由传热系数与各项热阻的关系知

$$\frac{1}{k} = \frac{1}{h_1} + r_w + r_f + \frac{1}{h_2} \qquad (5-15)$$

式中　r_w——管壁导热热阻，$m^2 \cdot ℃/W$；

　　　r_f——管壁污垢热阻，$m^2 \cdot ℃/W$，根据水质及管表面污垢情况确定，对一组实验数据可取为常数。

如前所述，本实验中，采用了平均面积计算 k，故式（5-15）中没有传热面积的折算项。

以下标"i"表示实验点的序号（$i = 1, 2, \cdots, n$），式（5-15）可改写为

$$\frac{1}{k} = \frac{1}{C_1 Re_{1i}^{P_1} B_{1i} / \mu_{w1i}^{0.14}} + r_w + r_f + \frac{1}{C_2 Re_{2i}^{P_2} B_{2i} / \mu_{w2i}^{0.14}} \qquad (5-16)$$

在已知 P_1 的情况下，采用迭代计算，可由式（5-16）确定 C_1，C_2 及 P_2，进而由式（5-13）、式（5-14）算出 h_1，h_2，把换热系数从传热系数 k 中分离出来。

迭代计算的要领是,先设定 C_1 的试探值,据此求出壁温 t_{w1} 和 t_{w2},进一步由回归分析求得 P_2,C_2,C_1。再将得到的计算值 C_1 作为第二次计算的试探值,重复计算,直到计算值与试探值之差在允许的误差范围内,结束计算。一般迭代 4、5 次即能收敛。

(2)计算步骤

①假定 C_1 的试探值(或称初始假定值)

②确定壁温 t_{w1i} 和 t_{w2i}

确定方法是解下列联立方程式

$$h_{1i} = C_1 Re_{1i}^{P_1} B_{1i}/\mu_{w1i}^{0.14} \tag{5-17}$$

$$\Phi_i = h_{1i}A(t_{f1i} - t_{w1i}) \tag{5-18}$$

将式(5-17)代入式(5-18)即可解出 t_{w1}。由于计算式是非线性的,可采用牛顿迭代法计算。

因热水在内管流过,故 $t_{w1} > t_{w2}$,则

$$t_{w2i} = t_{w1i} - \Phi_i(r_w - r_f)/A \tag{5-19}$$

③求 P_2 值 h_1

由式(5-13)求出 h_1 后,由式(5-15)从 k 值可求出 h_2。再进一步对式(5-14)两边取对数,得

$$\ln h_{2i} = \ln C_2 + P_2 \ln Re_{2i} + \ln(B_{2i}/\mu_{w2i}^{0.14}) \tag{5-20}$$

令 $Y_i = \ln\alpha_{2i} - \ln(B_{2i}/\mu_{w2i}^{0.14})$,$X_i = \ln Re_{2i}$,则式(5-20)可改写为

$$Y_i = a + bX_i \tag{5-21}$$

由曲线回归解出上述直线式中的截距 a 及斜率 b 后,可得

$$a = \ln C_2 \tag{5-22}$$

$$b = P_2 \tag{5-23}$$

从而得出 C_2 及 P_2 值,并依此 P_2 值进行下一步计算。

④求 C_1

将式(5-16)改写为

$$\left(\frac{1}{k_i} - r_w - r_f\right)Re_{2i}^{P_2}B_{2i}/\mu_{w2i}^{0.14} = \frac{1}{C_2} + \frac{1}{C_1}\frac{Re_{2i}^{P_2}B_{2i}/\mu_{w2i}^{0.14}}{Re_{1i}^{P_1}B_{1i}/\mu_{w1i}^{0.14}} \tag{5-24}$$

令 $Y_i = \left(\frac{1}{k_i} - r_w - r_f\right)Re_{2i}^{P_2}B_{2i}/\mu_{w2i}^{0.14}$,$X_i = \dfrac{Re_{2i}^{P_2}B_{2i}/\mu_{w2i}^{0.14}}{Re_{1i}^{P_1}B_{1i}/\mu_{w1i}^{0.14}}$,则式(5-24)可改写为

$$Y_i = a' + b'X_i$$

由曲线回归解出 a' 及 b',得

$$a' = \frac{1}{C_2} \tag{5-25}$$

$$b' = \frac{1}{C_1} \tag{5-26}$$

从而得到 C_1 的计算值。将 C_1 的计算值与原先的试探值进行比较,如两者差值小于允许差值,则可结束计算。

5.1.6　问题讨论

1. 若实验中冷水在内管流动,传热量应如何计算?
2. 是否可把冷却水进水管直接与自来水管相连,而取消冷却水泵 9 及水槽 8?
3. 本实验若改为管壳式蒸汽热水加热器,试设计一实验系统及测试方案?

5.2　综合传热性能实验

5.2.1　实验目的

综合传热性能实验的目的是通过测量总传热系数,分析传热过程的影响因素,确定不同传热情况下的总传热量。

5.2.2　实验原理

实验中将干饱和蒸汽通过一组实验铜管,管子在空气中散热而使蒸汽冷凝为水。由于钢管的外表状态及空气流动情况不同,管子的凝水量亦不同。通过单位时间凝水量的多少,可以观察和分析影响传热的诸多因素,并且可以计算出每根管子的总传热系数 K 值。

5.2.3　装置简介

实验装置示意图见图 5.2。实验台由电热蒸汽发生器、表面状态不同的六根铜管(光管、涂黑、镀铬、管外加铝翅片以及两种不同保温材料的保温管)、分汽缸、冷凝管、冷凝水蓄水器(可计量)及支架等组成。强制通风时,配有一组可移动的风机(图 5.2 中未绘出),用它来对管子吹风。因而,实验台可进行自然对流和强迫对流的传热实验。通过实验,可对各种不同影响传热因素进行分析,从而建立起影响传热因素的初步认识和概念。

5.2.4　实验方法及步骤

(1)打开电热蒸汽发生器上的供气阀,然后从底部的给水阀门(兼排污),往蒸汽发生器的

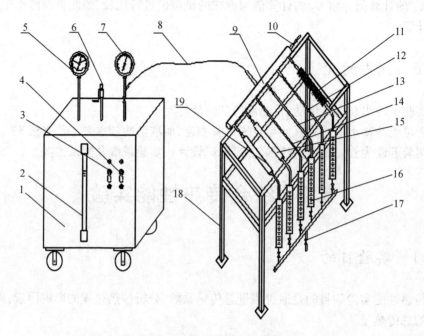

图 5.2　综合传热实验装置示意图

1—电热蒸汽发生器;2—水位计;3—自动加热开关;4—手动加热开关;
5—电接点压力表;6—安全阀;7—压力表;8—连接软管;9—分汽缸;10—排水放气阀;
11—翅片管;12—光管;13—涂黑管;14—镀铬管;15—锯末保温管;
16—凝结储水器;17—放水阀;18—支架台;19—玻璃丝保温管

锅炉加水,当水面达到水位计的三分之二高处时,关闭给水阀门。

(2)打开蒸汽发生器上的电加热器(手动)开关,指示灯亮,内部的电锅炉加热。待电接点压力表达到要求压力时(事先按需要用螺丝扳手调定),电接点压力表动作(断电)。此时,将手动开关闭掉,由电接点压力表控制继电器,使加热器按一定范围进行加热,以供实验所需的蒸汽量。

(3)打开配气管上所有阀门(或按实验需要打开其中几个阀门)和玻璃蓄水器下方的放水阀。然后,打开供气阀缓慢向测试管内送气(送气压力略高于实验压力),预热整个实验系统,并将系统内的空气排净。

(4)待蓄水器下部放水阀向外排出蒸汽一段时间后关闭全部放水阀门,预热完毕。此时,要调节配气管底部放水阀门使其微微冒气,以排除在胶管内和配气管中的凝水。调节送气压力,即可开始实验。为防止玻璃蓄水器破坏,建议实验压力 P 为 0.02 MPa,最大不超过 0.05 MPa。

(5)做自然对流实验时,将蓄水器下部的全部水阀全部关闭,观察蓄水器内的水位变化,待水位上升至"0"刻度水位时开始计时(如实验多根管子,只要在开始计时,记下每根蓄水器水位读数即可),实验正式开始。凝结水水位达到一定高度时,记下供气时间和凝结水量。

(6)如要进行强迫对流实验,放掉积存在蓄水器及管路中的水,开动风机对被测试管进行强迫通风。实验方法同上。

(7)实验完毕时,关闭电源,打开所有的放水阀、排气阀,水排净后再将所有阀门关闭,并切断电源及水源。

5.2.5　传热系数的计算

所有的被测试管均以基管(铜管)表面积为准,则
传热面积

$$A = \pi dL \tag{5-27}$$

传热量

$$\Phi = G \cdot r \tag{5-28}$$

总传热系数

$$K = \Phi / (A\Delta t) \tag{5-29}$$

式中　d——铜管外径,$d = 0.025$ m;

　　　L——被测试管长度,自然对流时 $L = 0.74$ m;强迫对流时 $L = 0.5$ m(风口长度);

　　　G——凝结水量,$G = \dfrac{Hg_s\rho}{1\,000\tau}$,kg/s;

　　　g_s——每格的凝结水量,取 $3.463\,6 \times 10^{-6}$ m³/m;

　　　ρ——凝结水密度,kg/m³;

　　　τ——供汽时间,s;

　　　r——汽化潜热,当 $P = 0.02$ MPa,$r = 2\,243$ kJ/kg;

　　　H——蓄水器的水位高度,m;

　　　Δt——管内外温差,$\Delta t = t_1 - t_f$,℃;

　　　t_1——按压力 P 查附录1取饱和温度;

　　　t_f——实验时的室内温度,℃。

5.2.6　数据记录及处理

实验原始数据可记录至附录17,总传热系数可按式(5-29)计算。

附　　录

附　录　1

表 A-1　饱和水蒸气压力表（按压力排列）

压力 P /MPa	饱和温度 t_s /℃	比容		焓		汽化潜热 r
		饱和水 ν' /(m³/kg)	饱和蒸汽 ν'' /(m³/kg)	饱和水 h' /(kJ/kg)	饱和蒸汽 h'' /(kJ/kg)	/(kJ/kg)
0.001	6.982	0.001 000 1	129.208	29.33	2 513.8	2 484.5
0.002	17.511	0.001 001 2	67.006	73.45	2 533.2	2 459.8
0.003	24.098	0.001 002 7	45.668	101.00	2 545.2	2 444.2
0.004	28.981	0.001 004 0	34.803	121.41	2 554.1	2 432.7
0.005	32.90	0.001 005 2	28.196	137.77	2 561.2	2 423.4
0.006	36.18	0.001 006 4	23.742	151.50	2 567.1	2 415.6
0.007	39.02	0.001 007 4	20.532	163.38	2 572.2	2 408.8
0.008	41.53	0.001 008 4	18.106	173.87	2 576.7	2 402.8
0.009	43.79	0.001 009 4	16.206	183.28	2 580.8	2 397.5
0.010	45.83	0.001 010 2	14.676	191.84	2 584.4	2 392.6
0.015	54.00	0.001 014 0	10.025	225.98	2 598.9	2 372.9
0.020	60.09	0.001 017 2	7.651 5	251.46	2 609.6	2 358.1
0.025	64.99	0.001 019 9	6.206 0	271.99	2 618.1	2 346.1
0.030	69.12	0.001 022 3	5.230 8	289.31	2 625.3	2 336.0
0.040	75.89	0.001 026 5	3.994 9	317.65	2 636.8	2 319.2
0.050	81.35	0.001 030 1	3.241 5	340.57	2 646.0	2 305.4
0.060	85.95	0.001 033 3	2.732 9	289.93	2 653.6	2 293.7
0.070	89.96	0.001 036 1	2.365 8	376.77	2 660.2	2 283.4
0.080	93.51	0.001 038 7	2.087 9	391.72	2 666.0	2 274.3
0.090	96.71	0.001 041 2	1.870 1	405.21	2 671.1	2 265.9

表 A-1(续)

| 压力 P /MPa | 饱和温度 t_s /℃ | 比容 | | 焓 | | 汽化潜热 r |
		饱和水 v' /(m³/kg)	饱和蒸汽 v'' /(m³/kg)	饱和水 h' /(kJ/kg)	饱和蒸汽 h'' /(kJ/kg)	/(kJ/kg)
0.100	99.63	0.001 043 4	1.694 6	417.51	2 675.7	2 258.2
0.12	104.81	0.001 047 6	1.428 9	439.36	2 683.8	2 244.4
0.14	109.32	0.001 051 3	1.237 0	458.42	2 690.8	2 232.4
0.16	113.32	0.001 054 7	1.091 7	475.38	2 696.8	2 221.4
0.18	116.93	0.001 057 9	0.977 75	490.70	2 702.1	2 211.4
0.20	120.23	0.001 060 8	0.885 92	504.7	2 706.9	2 202.2
0.25	127.43	0.001 067 5	0.718 81	535.4	2 717.2	2 181.8
0.30	133.54	0.001 073 5	0.605 86	561.4	2 725.5	2 164.1
0.35	138.88	0.001 078 9	0.524 25	584.3	2 732.5	2 148.2
0.40	143.62	0.001 083 9	0.462 42	604.7	2 738.5	2 133.8
0.45	147.92	0.001 088 5	0.413 92	623.2	2 743.8	2 120.6
0.50	151.85	0.001 092 8	0.374 81	640.1	2 748.5	2 108.4
0.60	158.84	0.001 100 9	0.315 56	670.4	2 756.4	2 086.0
0.70	164.96	0.001 108 2	0.272 74	697.1	2 762.9	2 065.8
0.80	170.42	0.001 115 0	0.240 30	720.9	2 768.4	2 047.5
0.90	175.36	0.001 121 3	0.214 84	742.6	2 773.0	2 030.4
1.0	179.88	0.001 127 4	0.194 30	762.6	2 777.0	2 014.4
1.1	184.06	0.001 133 1	0.077 39	781.1	2 780.4	1 999.3
1.2	187.96	0.001 138 6	0.163 20	798.4	2 783.4	1 985.0
1.3	191.60	0.001 143 8	0.151 12	814.7	2 786.0	1 971.3
1.4	195.04	0.001 148 9	0.140 72	860.1	2 788.4	1 958.3
1.5	198.28	0.001 153 8	0.131 65	844.7	2 790.4	1 945.7
1.6	201.37	0.001 158 6	0.123 68	858.6	2 792.2	1 933.6
1.7	204.30	0.001 163 3	0.116 61	871.8	2 793.8	1 922.0
1.8	207.1	0.001 167 8	0.110 31	884.6	2 795.1	1 910.5
1.9	209.79	0.001 172 2	0.104 64	896.8	2 796.4	1 899.6
2.0	212.37	0.001 176 6	0.099 53	908.6	2 797.4	1 888.8

附　录　2

表 A – 2　铜 – 康铜热电偶分度特性表

测量端温度/℃	0	1	2	3	4	5	6	7	8	9
	热电势/mV									
– 90	– 3. 089	– 3. 118	– 3. 147	– 3. 177	– 3. 206	– 3. 235	– 3. 264	– 3. 293	– 3. 321	– 3. 350
– 80	– 2. 788	– 2. 818	– 2. 849	– 2. 879	– 2. 909	– 2. 939	– 2. 970	– 2. 999	– 3. 029	– 3. 059
– 70	– 2. 475	– 2. 507	– 2. 539	– 2. 570	– 2. 602	– 2. 633	– 2. 664	– 2. 695	– 2. 726	– 2. 757
– 60	– 2. 152	– 2. 185	– 2. 218	– 2. 250	– 2. 283	– 2. 315	– 2. 348	– 2. 380	– 2. 412	– 2. 444
– 50	– 1. 819	– 1. 853	– 1. 886	– 1. 920	– 1. 953	– 1. 987	– 2. 020	– 2. 053	– 2. 087	– 2. 120
– 40	– 1. 475	– 1. 510	– 1. 544	– 1. 579	– 1. 614	– 1. 648	– 1. 682	– 1. 717	– 1. 751	– 1. 785
– 30	– 1. 121	– 1. 157	– 1. 192	– 1. 228	– 1. 263	– 1. 299	– 1. 334	– 1. 370	– 1. 405	– 1. 440
– 20	– 0. 757	– 0. 794	– 0. 830	– 0. 867	– 0. 903	– 0. 940	– 0. 976	– 1. 013	– 1. 049	– 1. 085
– 10	– 0. 383	– 0. 421	– 0. 458	– 0. 496	– 0. 534	– 0. 571	– 0. 608	– 0. 646	– 0. 6983	– 0. 720
– 0	– 0. 000	– 0. 039	– 0. 077	– 0. 116	– 0. 154	– 0. 193	– 0. 231	– 0. 269	– 0. 307	– 0. 345
0	0. 000	0. 039	0. 078	0. 117	0. 156	0. 195	0. 234	0. 273	0. 312	0. 351
10	0. 391	0. 430	0. 470	0. 510	0. 549	0. 589	0. 629	0. 669	0. 709	0. 749
20	0. 789	0. 830	0. 870	0. 911	0. 951	0. 992	1. 032	1. 073	1. 114	1. 155
30	1. 196	1. 237	1. 279	1. 320	1. 361	1. 403	1. 444	1. 486	1. 528	1. 569
40	1. 611	1. 653	1. 695	1. 738	1. 780	1. 822	1. 865	1. 907	1. 950	1. 992
50	2. 035	2. 078	2. 121	2. 164	2. 207	2. 250	2. 294	2. 337	2. 380	2. 424
60	2. 467	2. 511	2. 555	2. 599	2. 643	2. 687	2. 731	2. 775	2. 819	2. 864
70	2. 908	2. 953	2. 997	3. 042	3. 087	3. 131	3. 176	3. 221	3. 266	3. 312
80	3. 357	3. 402	3. 447	3. 493	3. 538	3. 584	3. 630	3. 676	3. 721	3. 767
90	3. 813	3. 859	3. 906	3. 952	3. 998	4. 044	4. 091	4. 137	4. 184	4. 231
100	4. 277	4. 324	4. 371	4. 418	4. 465	4. 512	4. 559	4. 607	4. 654	4. 701
110	4. 749	4. 796	4. 844	4. 891	4. 939	4. 987	5. 035	5. 083	5. 131	5. 179
120	5. 227	5. 275	5. 324	5. 372	5. 420	5. 469	5. 517	5. 566	5. 615	5. 663
130	5. 712	5. 761	5. 810	5. 859	5. 908	5. 957	6. 007	6. 056	6. 105	6. 155
140	6. 204	6. 254	6. 303	6. 353	6. 403	6. 452	6. 502	6. 552	6. 602	6. 652
150	6. 702	6. 753	6. 803	6. 853	6. 903	6. 954	7. 004	7. 055	7. 106	7. 156
160	7. 207	7. 258	7. 309	7. 360	7. 411	7. 462	7. 513	7. 564	7. 615	7. 666
170	7. 718	7. 769	7. 821	7. 872	7. 924	7. 975	8. 027	8. 079	8. 131	8. 183
180	8. 235	8. 287	8. 339	8. 391	8. 443	8. 495	8. 548	8. 600	8. 652	8. 705
190	8. 757	8. 810	8. 863	8. 915	8. 968	9. 021	9. 074	9. 127	9. 180	9. 233
200	9. 286	9. 339	9. 392	9. 446	9. 499	9. 553	9. 606	9. 659	9. 713	9. 767
210	9. 820	9. 874	9. 928	9. 982	10. 036	10. 090	10. 144	10. 198	10. 252	10. 306
220	10. 360	10. 414	10. 469	10. 523	10. 578	10. 632	10. 687	10. 741	10. 796	10. 851
230	10. 905	10. 960	11. 015	11. 070	11. 125	11. 180	11. 235	11. 290	11. 345	11. 401
240	11. 456	11. 511	11. 566	11. 622	11. 677	11. 733	11. 788	11. 844	11. 900	11. 956
250	12. 011	12. 067	12. 123	12. 179	12. 235	12. 291	12. 347	12. 403	12. 459	12. 515
260	12. 572	12. 628	12. 684	12. 741	12. 797	12. 854	12. 910	12. 967	13. 024	13. 080
270	13. 137	13. 194	13. 251	13. 307	13. 364	13. 421	13. 478	13. 535	13. 592	13. 650

附　录　3

表 A－3　镍铬－考铜热电偶分度特性表

测量端温度/℃	0	1	2	3	4	5	6	7	8	9
	单位:mV									
－50	－3.11									
－40	－2.50	－2.56	－2.62	－2.68	－2.74	－2.81	－2.87	－2.93	－2.99	－3.05
－30	－1.89	－1.95	－2.01	－2.07	－2.13	－2.20	－2.26	－2.32	－2.38	－2.44
－20	－1.27	－1.33	－1.39	－1.46	－1.52	－1.58	－1.64	－1.70	－1.77	－1.83
－10	－0.64	－0.70	－0.77	－0.83	－0.89	－0.96	－1.02	－1.08	－1.14	－1.21
－0	－0.00	－0.06	－0.13	－0.19	－0.26	－0.32	－0.38	－1.45	－0.51	－0.58
0	0.00	0.07	0.13	0.20	0.26	0.33	0.39	0.46	0.52	0.59
10	0.65	0.72	0.78	0.85	0.91	0.98	1.05	1.11	1.18	1.24
20	1.31	1.38	1.44	1.51	1.57	1.64	1.70	1.77	1.84	1.91
30	1.98	2.05	2.12	2.18	2.25	2.32	2.38	2.45	2.52	2.59
40	2.66	2.73	2.80	2.87	2.94	3.00	3.07	3.14	3.21	3.28
50	3.35	3.42	3.49	3.56	3.63	3.70	3.77	3.84	3.91	3.98
60	4.05	4.12	4.19	4.26	4.33	4.41	4.48	4.55	4.64	4.69
70	4.76	4.83	4.90	4.98	5.05	5.12	5.20	5.27	5.34	5.41
80	5.48	5.56	5.63	5.70	5.78	5.85	5.92	5.99	6.07	6.14
90	6.21	6.29	6.36	6.43	6.51	6.58	6.65	6.73	6.80	6.87
100	6.95	7.03	7.10	7.17	7.25	7.32	7.40	7.47	7.54	7.62
110	7.69	7.77	7.84	7.91	7.99	8.06	8.13	8.21	8.28	8.35
120	8.43	8.50	8.53	8.65	8.73	8.80	8.88	8.95	9.03	9.10
130	9.18	9.25	9.33	9.40	9.48	9.55	9.63	9.70	9.78	9.85
140	9.93	10.00	10.08	10.16	10.23	10.31	10.38	10.46	10.54	10.61
150	10.69	10.77	10.85	10.92	11.00	11.08	11.15	11.23	11.31	11.38
160	11.46	11.54	11.62	11.69	11.77	11.85	11.93	12.00	12.08	12.16
170	12.24	12.32	12.40	12.48	12.55	12.63	12.71	12.79	12.87	12.95
180	13.03	13.11	13.19	13.27	13.36	13.44	13.52	13.60	13.68	13.76
190	13.84	13.92	14.00	14.08	14.16	14.25	14.34	14.42	14.50	14.58
200	14.66	14.74	14.82	14.90	14.98	15.06	15.14	15.22	15.30	15.38
210	15.48	15.56	15.64	15.72	15.80	15.89	15.97	16.05	16.13	16.21
220	16.30	16.38	16.46	16.54	16.62	16.71	16.79	16.86	16.95	17.03
230	17.12	17.20	17.28	17.37	17.45	17.53	17.62	17.70	17.78	17.87
240	17.95	18.03	18.11	18.19	18.28	18.36	18.44	18.52	18.60	18.68
250	18.76	18.84	18.92	19.01	19.09	19.17	19.26	19.34	19.42	19.51
260	19.59	19.67	19.75	19.84	19.92	20.00	20.09	20.17	20.25	20.34
270	20.42	20.50	20.58	20.66	20.74	20.83	20.91	20.99	21.07	21.15
280	21.24	21.32	21.40	21.49	21.57	21.65	21.73	21.82	21.90	21.98
290	22.07	22.15	22.23	22.32	22.40	22.48	22.57	22.65	22.73	22.81

附 录 4

表 A - 4 镍铬 - 铜镍(镍铜)热电偶分度表

测量端温度/℃	0	1	2	3	4	5	6	7	8	9
	单位：μV									
0	0	59	118	176	235	294	354	413	472	532
10	591	651	711	770	830	890	950	1 010	1 071	1 131
20	1 192	1 252	1 313	1 373	1 434	1 495	1 556	1 617	1 678	1 740
30	1 801	1 862	1 924	1 986	2 047	2 109	2 171	2 233	2 295	2 357
40	2 420	2 482	2 545	2 607	2 670	2 733	2 795	2 858	2 921	2 984
50	3 048	3 111	3 174	3 238	3 301	3 365	3 429	3 492	3 556	3 620
60	3 658	3 749	3 813	3 877	3 942	4 006	4 071	4 136	4 200	4 265
70	4 330	4 395	4 460	4 526	4 591	4 656	4 722	4 788	4 853	4 919
80	4 985	5 051	5 117	5 183	5 249	5 315	5 382	5 448	5 514	5 581
90	5 648	5 714	5 781	5 848	5 915	5 982	6 049	6 117	6 184	6 251
100	6 319	6 386	6 454	6 522	6 590	6 658	6 725	6 794	6 862	6 930
110	6 998	7 066	7 135	7 203	7 272	7 341	7 409	7 478	7 547	7 616
120	7 658	7 754	7 823	7 892	7 962	8 031	8 101	8 170	8 240	8 309
130	8 379	8 449	8 519	8 589	8 659	8 729	8 799	8 869	8 940	9 010
140	9 081	9 151	9 222	9 292	9 363	9 434	9 505	9 576	9 647	9 718
150	9 789	9 860	9 931	10 003	10 074	10 145	10 217	10 288	10 360	10 432
160	10 503	10 575	10 647	10 719	10 791	10 863	10 935	11 007	11 080	11 152
170	11 224	11 297	11 365	11 412	11 514	11 587	11 660	11 733	11 805	11 878
180	11 951	12 024	12 097	12 170	12 243	12 317	12 390	12 463	12 537	12 610
190	12 684	12 757	12 831	12 904	12 978	13 052	13 126	13 199	13 273	13 347
200	13 421	13 495	13 569	13 644	13 718	13 792	13 866	13 941	14 015	14 090
210	14 164	14 239	14 313	14 388	14 463	14 537	14 612	14 687	14 762	14 837
220	14 912	14 987	15 062	15 137	15 212	15 287	15 362	15 438	15 513	15 588
230	15 664	15 739	15 815	15 890	15 966	16 041	16 117	16 193	16 269	16 344
240	16 420	16 496	16 572	16 648	16 724	16 800	16 876	16 952	17 028	17 104
250	17 181	17 257	17 333	17 409	17 468	17 562	17 639	17 715	17 792	17 868
260	17 945	18 021	18 098	18 175	18 252	18 328	18 405	18 482	18 559	18 636

附录5　　超级恒温器使用说明（501 – OSY）

1. 用途

本超级恒温器适用于生物、化学、物理、植物、化工等科学研究,作精密恒温时直接加热或辅助加热之用,亦可作普通玻璃温度计及其他测温仪表制造中标定温度等用。

2. 结构概述

超级恒温器由外壳内外水套、电动循环泵、加热器、电接点式玻璃水银温度计及电控制器等部分组成。外壳由优质钢板制成,表面涂漆;内外水套由铜或不锈钢板制成;加热器为两根750WU 型电热管并联而成。温度自动控制元件为电接点式玻璃水银温度计,在 0 ~ 100 ℃温度范围内均可任意调节所需温度,电路控制部分采用可控硅元件组成的无触点开关,动作灵敏,运行可靠。

3. 主要技术指标

①电度范围:室温 5 ~ 95 ℃。

②恒温波动度: ±0. 05 ℃。

③循环泵流量: >4 L/min。

④电源:AC220 V,50 Hz。

⑤加热器功率:1 500 W。

⑥工作室(内水套)尺寸:ϕ175 mm ×185 mm。

⑦外水套尺寸:ϕ328 mm ×213 mm。

4. 使用方法

①在内外水套内注满水(水面低于容器口 15 mm 左右)、外套从加水孔注水,内套打开盖后注水。水质以蒸馏水为宜、约 16 kg,若用自来水,必须每次清洗,以防积垢。忌用其他水源。

②将电接点式玻璃水银温度计悬挂在固定架上,将感温部分插入外水套。因玻璃易碎,故插入时要特别小心。将接线与控制箱上边的两个接线柱接好。

③温度设定:拧松电接点式玻璃水银温度计顶盖上的紧定螺钉,旋转顶盖,螺杆上的浮珠上下运动,视浮珠的上平面与实验所需的设定温度值对齐,随即拧紧顶盖上的紧定螺钉,则设定完毕。

④接通电源,开启电源开关,开启电动泵开关,电动泵工作。需加热时,调解电触点温度计上的旋钮,使椭圆螺母上下移动,使指示灯亮、加热器开始加热。待外层水套内达到设定温度、

加热停止、指示灯灭。电接点式玻璃温度计下部显示实际温度。待一定时间后,内水套温度即与外水套温度一致,达到恒温状态。

⑤欲将外水套内水排出,须拧开箱体底部的放水螺栓。

⑥欲将小桶升降,须先松开升降杆的紧定螺钉后用手提取。

⑦上面盖板上装有螺旋管的进出气口(套有一根橡皮管的两个接嘴),当实验所需使用温度略低于环境温度时,在有冷气供给的条件下,可由螺旋管的进气口不断进入冷气,以降低仪器内水温。

5. 注意事项和维护修理

①此箱工作电压为 220 V、50 Hz,使用前必须检查所用电源电压是否相符,且必须将电源插座接地极按规定进行有效接地。

②在通电使用时,切忌用手触及电器控制箱内的电器部分或用湿布擦抹及用水冲洗。

③电源线不可缠绕在金属物上,不可放置在高温或潮湿的地方,防止橡胶老化以致漏电。

④因该仪器上面盖板由金属制成,故在使用温度高时切勿用手触摸盖板,以免烫伤。

⑤不得随便打开电器控制箱。维修时应由电工或修理人员修理,修理前必须切断电源。

⑥每次使用完毕,须将电源全部切断,并保持箱内外清洁。

⑦经常注水,工作状态下应保持内外水套内水面不低于容器口 15 mm,否则电热管容易爆裂。水也不能注得太满,否则使用温度高时水会溢出。

附录 6　　0.5 级(D51 型)电动系列
可携式瓦特表使用说明

1. 用途

D51 型瓦特表为可携式交直流电动系列仪表,用于直流电路及频率标准范围从 45 ~ 65 Hz 的交流电路中,精密测量电功率,也可作为校验低准确度等级仪表的标准表。

仪表完全符合国际标准 IEC51—84 和行业产品质量分等规定的优等品要求,适用于环境温度 23 ± 10 ℃相对湿度 25% ~ 80%,且空气中不含有能引起仪表腐蚀的成分。

2. 主要技术特性

(1)仪表量限及主要参数列于表 A – 5 中。

表 A – 5　仪表量限及主要参数表

量限	消耗功率	仪表常数			
0.5 ~ 1 A 75 – 150 – 300 – 600 V	4.8 W	0.5 A/75 V	0.5 A/150 V	0.5 A/300 V	0.5 A/600 V
		0.5 瓦/格	1 瓦/格	2 瓦/格	4 瓦/格
		1 A/75 V	1 A/150 V	1 A/300 V	1 A/600 V
		1 瓦/格	2 瓦/格	4 瓦/格	8 瓦/格
2.5 ~ 5 A 75 – 150 – 300 – 600 V	4.8 W	2.5 A/75 V	2.5 A/150 V	2.5 A/300 V	2.5 A/600 V
		2.5 瓦/格	5 瓦/格	10 瓦/格	20 瓦/格
		5 A/75 V	5 A/150 V	5 A/300 V	5 A/600 V
		5 瓦/格	10 瓦/格	20 瓦/格	40 瓦/格
5 ~ 10 A 75 – 150 – 300 – 600 V	4.8 W	5 A/75 V	5 A/150 V	5 A/300 V	5 A/600 V
		5 瓦/格	10 瓦/格	20 瓦/格	40 瓦/格
		10 A/75 V	10 A/150 V	10 A/300 V	10 A/600 V
		10 瓦/格	20 瓦/格	40 瓦/格	80 瓦/格
0.5 ~ 1 A 48 – 120 – 240 – 480 V	3.8 W	0.5 A/48 V	0.5 A/120 V	0.5 A/240 V	0.5 A/480 V
		0.2 瓦/格	0.5 瓦/格	1 瓦/格	2 瓦/格
		1 A/48 V	1 A/120 V	1 A/240 V	1 A/480 V
		0.4 瓦/格	1 瓦/格	2 瓦/格	4 瓦/格
2.5 ~ 5 A 48 – 120 – 240 – 480 V	3.8 W	2.5 A/48 V	2.5 A/120 V	2.5 A/240 V	2.5 A/480 V
		1 瓦/格	2.5 瓦/格	5 瓦/格	10 瓦/格
		5 A/48 V	5 A/120 V	5 A/240 V	5 A/480 V
		2 瓦/格	5 瓦/格	10 瓦/格	20 瓦/格
5 ~ 10 A 48 – 120 – 240 – 480 V	3.8 W	5 A/48 V	5 A/120 V	5 A/240 V	5 A/480 V
		2 瓦/格	5 瓦/格	10 瓦/格	20 瓦/格
		10 A/48 V	10 A/120 V	10 A/240 V	10 A/480 V
		4 瓦/格	10 瓦/格	20 瓦/格	40 瓦/格

（2）准确度等级:0.5 级。

①当使用条件符合下列情况时,仪表标度尺工作部分的基本误差不应超过上量限的 ±0.5%。

②标准温度:23 ±2 ℃。

③除地磁场外,周围没有其他铁磁性物质和外磁场。

④被测量为直流或45～65 Hz的正弦交流(波形畸变系数小于5%)。

⑤仪表位于水平工作位置(允许偏差±1°)。

⑥测量前用调零器调好机械零位。

⑦功率因数等于1.0,电压为额定值。

(3)标度尺全长:约110 mm,工作部分等于全长。

(4)阻尼响应时间:不超过4 s。

(5)仪表在电压频率为额定值时,功率因数自1.0变化至0.5(感性负载)同时电流由额定值的50%变化至100%时,指示值变化不超过上量限的±0.5%。

(6)位置影响:仪表自水平位置向任一方向偏离5°时,其指示值的改变不超过上量限±0.25%。

(7)温度影响:当环境温度自23±2 ℃改变±10 ℃时,改变量≤0.5 ℃。

(8)外磁场影响:通过与被测仪表同种类的电流所形成的强度为0.4 kA/m的均匀磁场,且在最不利方向和相位的情况下,由此引起仪表指示值的改变量不超过上量限±0.75%。

(9)绝缘电阻:仪表加约500 V直流电压1 min后绝缘电阻值大于5 MΩ。

(10)绝缘强度:外壳对电路能耐受45～65 Hz正弦电压2 V 1 min,电流电路对电压电路耐受500 V(或2 UH)。

(11)外形尺寸:不大于210 mm×152 mm×90 mm(见图A-1)。

(12)质量:不超过2.2 kg。

3. 结构概述

本仪表具有矩形固定线圈、矩形可动线圈和带磁屏蔽的电动测量机构。其屏蔽采用了高导磁率的铁镍合金。仪表可动部分采用张丝支承。为防止仪表受冲击使张丝拉断采用了套管式限制器。仪表采用磁感应阻尼与具有减少视差的反射镜和玻璃丝指针读数装置。测量机构与能发生较大热量的附加电阻之间隔开。量限的改变用转换开关来实现。仪表的外壳是密封的,采

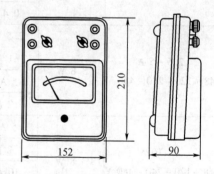

图 A-1　外形尺寸图

用酚醛塑料压制,表盖上有玻璃窗口及调节指针回零位的调零器。仪表的原理线路如图A-2所示。

4. 使用规则

(1)仪表应水平放置,并尽可能远离大电流及强磁性物质。

(2)接入仪表前,按被测电流选用相应的导线,将仪表可靠地接入线路中。

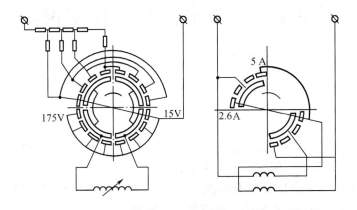

图 A – 2　原理线路图

（3）测量前利用表盖上的调零器将仪表的指针准确地调到标度尺的零位，并将转换开关转到相应于被测量值的量限上，尽可能先用较大的量限，以免使仪表过载；测量时当指针偏转少于上量限的 50% 时，可将转换开关转到较小的量限上。

（4）测量时应注意，当功率因数小于 1.0 时，虽然指针未达到满偏转也可能使仪表过载，此时应注意不能使并联电路的电压或串联电路的电流超过 120% 额定值 2 h 过载。

（5）当须扩大交流电流量限时，可配用 HL55 型电流互感器。此时被测量的数值按下式计算

$$X = KC(\alpha + \Delta\alpha) \tag{1}$$

式中　K——电流互感器的变化，不用互感器时 $K = 1$；

　　　　C——仪表常数，$C = $ 满偏转值/仪表标度尺的格数；

　　　　α——仪表读数（格数）；

　　　　$\Delta\alpha$——相应读数分度线上的校正值（格数）。

5. 运输与保管

①运输仪表时必须包装好，避免使仪表受到强烈振动。

②保存仪表的地方不应有灰尘，其环境温度为 0 ~ 40 ℃，相对湿度 85%，且在空气中不应含有足以引起腐蚀的有害杂质。

附录7 直流电位差计使用说明

（UJ33a 型）上海电表厂

1. 概述

UJ33a 为测量精度 0.05% 的直流携带式电位差计，可在实验室、车间及现场测量直流电压，亦可经换算后测量直流电阻、电流、功率及温度等。

本仪器可以校验一般电压表及有转换开关，经转换后可做电压信号输出，对电子电位差计、毫伏计等以电压作为测量对象的工业仪表进行校验。

仪器有内附晶体管放大检流计、标准电池及工作电池，不需外加附件便可进行测量，同时避免了作为工作电源的电位差计的工业干扰，使测量工作正常进行。

仪器内附 BC5 型不饱和标准电池，温度系数小，不必对其进行温度补偿，测试方便。

2. 主要技术指标

（1）本仪器全部符合 Q/YXYJ35 - 92《直流电位差计》标准。

（2）各主要指标如表 A - 6 所示。

表 A - 6 UJ33a 型直流电位差计主要指标表

量程因数	有效量程	分辨力	基本误差允许极限	热电势	检流计灵敏度
×5	0 ~ 1.055 0 V	50 μV	≤0.05% UX + 50 μV	≤2 μV	≥格/50 μV
×1	0 ~ 211.0 mV	10 μV	≤0.05% UX + 5 μV	≤1 μV	≥格/10 μV
×0.1	0 ~ 21.10 mV	1 μV	≤0.05% UX + 0.5 μV	≤0.2 μV	≥格/3 μV

注：校对"标准"时，工作电流相对变化 0.05% 时，检流计指针偏转大于 1 格。

（3）仪器使用条件

温度参考值：20 ± 2 ℃。

温度标称使用范围：5 ~ 35 ℃。

相对湿度标称使用范围：25% ~ 75%。

（4）外壳对线路绝缘电阻 $R_J > 100$ MΩ，被测电压的最大源电阻为 1 kΩ。

（5）仪器工作电流为 3 mA，标称工作电压为 9 V，可用范围为 5 ~ 12 V，由六节 1.5 V 干电池串联供电。

（6）仪器能耐受 50 Hz 正弦波 500 V 电压历时 1 min 的耐压试验。

（7）外形尺寸：310 mm×240 mm×170 mm。

（8）质量：<5 kg。

3. 原理

本电位差计根据补偿法原理制成。原理线路图见图 A-3。

调节 R_p 阻值，当工作电流 I 在 R_M 上产生电压降等于标准电池电势值 E_M 时，如开关 K 打入右边，检流计便指零，此时工作电流便准确地等于 3 mA，上述步骤称为调零。

测量时，调节已知的电阻 R，使其工作电流 3 mA 产生的电压降等于被测值 $U_X = IR$，如开关打入左边，检流计指零。从而由已知的 R 阻值大小来反映 U_X 数值。

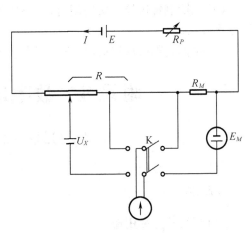

图 A-3　原理线路图

4. 使用说明

（1）测量未知电压 U_X

打开后盖，按极性装入 1.5 V 1 号干电池 6 节及 9V6F22 叠层电池 2 节，倍率开关从"断"旋到所需倍率。此时上述电源接通，2 min 后调节"调零"旋钮，使检流计指针示值为零。被测电压（势）按极性接入"未知"端钮，"测量—输出"开关放于"测量"位置，扳键开关扳向"标准"，调节"粗""微"旋钮，直到检流计指零。

扳键扳向"未知"，调节Ⅰ，Ⅱ，Ⅲ测量盘，使检流计指零，被测电压（势）为测量盘读数与倍率乘积。

测量过程中，随着电池消耗，工作电流变化。所以连续使用时经常核对"标准"，使测量精确。

（2）信号输出

按上述步骤，在对好"标准"后，将"测量—输出"开关旋到"输出"位置（即检流计短路）。选择"倍率"及调节Ⅰ，Ⅱ，Ⅲ测量盘，扳键放在"未知"位置，此时"未知"端钮两端输出电压值即为倍率与测量示值的乘积。

使用完毕，"倍率"开关放"断"位置，避免内附干电无谓放电。若长期不使用，将干电池取出。

5. 维护保养和注意事项

（1）仪器应存放在周围空气温度为 5～35 ℃，相对湿度小于 80% 的室内，空气中不应含有腐蚀性气体。若仪器长期不用,将干电池取出。

（2）仪器若无法进行校对"标准",则应考虑 9 V 工作电源寿命已到。打开仪器底部两个大电池盒盖,依正负极性放入 6 节 1 号干电池。

（3）使用中,如发觉检流计灵敏度显著下降或没有偏转,可能因晶体管检流计电源 9 V 电池寿命已到引起,打开仪器底部小电池盒盖,插入 6F229V 叠层电池两节,进行更换。

（4）仪器应每年计量一次,以保证仪器准确性。

（5）长期搁置仪器再次使用时,应将各开关、滑线旋转几次,减少接触处的氧化影响,使仪器工作可靠。

（6）仪器内部应保持清洁,避免阳光直接曝晒和剧震。

附录 8　数字电位差计使用说明

（UJ33D-2 型）上海电表厂

1. 概述

（1）产品特点和用途

UJ33D-2 型数字电位差计是传统直流电位差计更新换代型产品,它采用先进的数字化、智能化技术同传统工艺相结合,使产品具有以下特点:

①数字直读测量电压值;

②可直读对应于输出或测量毫伏值的五种常用热电偶分度号的温度值,省却使用者查表的麻烦;

③输出标准电压信号可带负载,直接校验各种低阻抗仪表;

④采用四端钮输出方式,消除小信号输出时测量导线产生的压降误差;

⑤内附精密基准源,去除标准电池,避免环境污染,同时省却反复调零步骤,方便用户操作;

⑥带 RS-232 标准接口,可与计算机通信。

产品在使用功能上完全覆盖原直流电位差计 UJ33a, UJ33a-1 等产品,可对热电偶和传感器、变送器等一次仪表输出的毫伏信号进行精密检测,也可作为标准毫伏信号源直接校验各种变送器和数字式、动圈式仪表。产品采用 CMOS 电路和 LCD 数显,功耗小,采用便携式机箱,内附工作电源电池盒,便于携带,适用于生产现场、野外作业和实验室使用。

（2）产品型式、规格

①型式:产品系便携式数显直流仪器。

②规格:直流信号输入输出量程:0～1 999.9 mV。

（3）型号的组成及代表意义

UJ——电位差计；

33——直流仪器顺序号；

D——数字直读；

2——系列产品顺序号。

（4）使用条件

①环境温度：20±15 ℃；

②相对湿度：80% 以下；

③工作电源：1.5 V 1 号干电池 8 节，或外接 9 V 直流电源。

2. 结构特征及工作原理

（1）结构特征

产品采用直流仪器通用型便携式机箱，性能坚固可靠，面板及底座面结构排列图如图 A -4 所示。

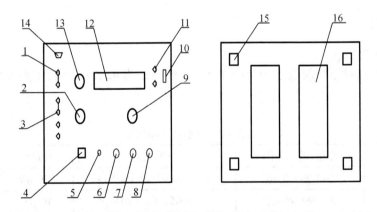

图 A -4　面板、底座面结构排列图

1—信号端钮；2—功能转换开关；3—导电片；4—电源开关；

5—外接电源插座；6—调零旋钮；7—粗调旋钮；8—细调旋钮；9—量程转换开关；

10—温度直读开关；11—发光指示管；12—LCD 显示器；13—分度号选择开关；

14—RS -232 接口针座；15—底座搁脚；16—电池盒

（2）工作原理

产品工作原理框图如图 A -5 所示：电位差计产生的稳定直流电压经精密衰减、隔离放大后由四端方式输出，量程转换选择所需测量输出量程范围，功能转换选择输出或测量方式，测量或输出信号再经精密放大后送 A/D 转换成数字信号再经单片机处理后由 LCD 数字直读显示和送 RS – 232 通信口。

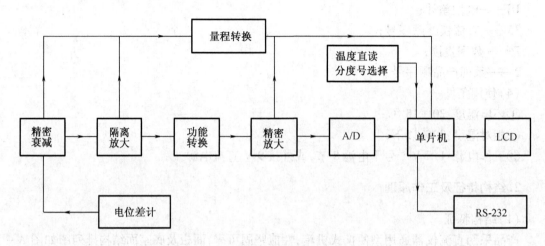

图 A – 5　工作原理框图

3. 技术特性

(1)主要性能参数

产品在参考条件下环境温度为 20 ± 2 ℃,环境湿度为 45%~75%,主要技术指标应符合表A – 7 规定。

表 A – 7　主要技术指标表

量程	测量、输出范围	基本误差	分辨力	额定负载
2 V	0 ~ 1 999.9 mV	$\pm (0.05\% U_x + 200) \mu V$	100 μV	2 mA
200 mV	0 ~ 199.99 mV	$\pm (0.05\% U_x + 20) \mu V$	10 μV	2 mA
20 mV	0 ~ 19.999 mV	$\pm (0.05\% U_x + 2) \mu V$	1 μV	2 mA
50 mV	0 ~ 49.999 mV	$\pm (0.05\% U_x + 6) \mu V$	3 μV	2 mA
(分度号)	温度直读范围			
K	0 ~ 1 230.0 ℃	$\pm (0.1\% T_x + 0.2) ℃$	0.1 ℃	
E	0 ~ 660.0 ℃	$\pm (0.1\% T_x + 0.2) ℃$	0.1 ℃	
J	0 ~ 860.0 ℃	$\pm (0.1\% T_x + 0.2) ℃$	0.1 ℃	
S	0 ~ 1 768.0 ℃	$\pm (0.1\% T_x + 1) ℃$	0.5 ℃	
T	0 ~ 380.0 ℃	$\pm (0.1\% T_x + 0.2) ℃$	0.1 ℃	

（2）温度附加误差

在额定使用温度范围内,温度每变化 10 ℃而引起的误差不超过基本误差。

（3）量程过载指示

当输出或测量 mV 信号超过量程满幅范围时,仪表以全"0"闪烁方式显示;当温度信号超过量程满幅范围时,仪表以全"1"闪烁方式显示,此时应减小调节输出或输入信号直至正常读数。

（4）消耗功率:小于 0.6 W。

4.尺寸、质量

①外形尺寸:310 mm×240 mm×170 mm。
②质量:不大于 4 kg。

5.操作方法

（1）输出

接线方式如图 A-6 所示。

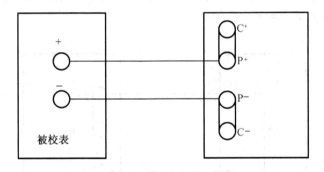

图 A-6　输出方式接线图

按下电源开关至"1",或插上外接 9 V 直流电源(外接电源插头正负极性见图 A-7 所示),显示屏立即显示读数,注意信号端钮和短路导电片必须旋紧,功能转换开关旋置"输出",量程转换开关旋置合适量程,调节粗、细调电位器即可获得所需量值的稳定电压。在 200 mV、2 V 挡使用时不需预热,开机即可获得符合精度要求的电压输出。在 20 mV、50 mV 挡量程使用应有

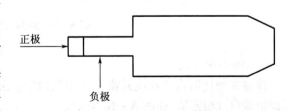

图 A-7　外接电源插头正负极性

5～10 min 预热时间,并在使用前调零。在校验低阻抗仪表时应采用四端钮输出方式,以消除测量导线压降带来的误差,此时应去掉信号端钮上短路导电片,接线方法如图 A－8 所示,仪表显示读数即为被校表输入端子上的实际电压值。

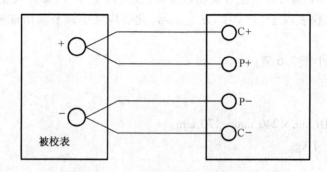

图 A－8　四端钮输出方式接线

(2)测量

如图 A－9 接线,在 20 mV、50 mV 挡量程测量时先调零,再将功能转换开关置"测量",选择合适量程,显示读数即为被测电压值。

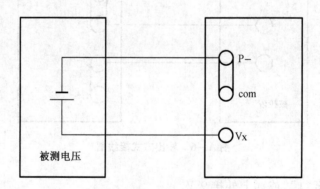

图 A－9　测量方式接线图

(3)保护端方式

仪器在使用时由于环境共模干扰引起跳字,不稳定,这时应将输入、输出低端(com)同仪器保护端(G)相连接,如图 A－10 所示。

（4）温度直读

功能转换开关根据需要置"测量"或"输出"，接线方法同测量或输出方式，分度号选择开关置所需热电偶分度号位置，量程选择置20 mV(S,T)或50 mV(K,E,J)，"温度直读"开关拨到向上位置，即显示当前测量或发生毫伏值对应所选分度号的温度读数。量程选择若置于200 mV或2 V挡时，仪器将以全"2"闪烁方式显示，提示应选择正确量程。

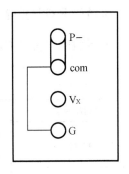

图 A-10　保护端连接图

（5）调零

功能转换开关旋置"调零"，量程开关根据需要选择20 mV或50 mV挡，调节调零电位器使数字显示为零。

（6）电池检查

功能选择开关旋置"电池检查"，量程旋置2 V挡，当显示读数低于1.3 V时应考虑更换电池。

（7）通信接口

如图 A-11 所示，用标准 RS-232 接口线联结 UJ33D-2 与 PC 机 RS-232 接口，先后接通仪器和 PC 微机电源，在 PC 机上运行串口通信程序，可以在计算机显示屏上读到仪器测量或发生的数据。联机时，波特率设置为 9 600 db，8 位数据位，无校验，2 位停止位。

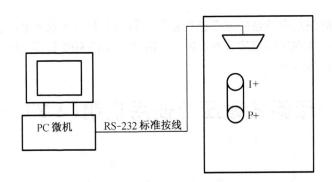

图 A-11　计算机通信接线图

（8）关机

按下电源开关至"0"，或拔去外接电源插头，仪器即停止工作，仪器若长期不使用，应将底部电池盒内电池取出。

6. 故障分析与排除

常见故障与排除方法见表 A - 8 所示。

表 A - 8　常见故障与排除方法

故障现象	原因分析	排除方法	备注
开机无显示	①电池未装好 ②其他	检查纠正 送厂方修理	
显示严重跳字	①电池接触不良或电池用完 ②信号端钮与短路导电片未旋紧 ③其他	检查纠正 检查纠正 送厂方修理	
闪烁显示	①信号端钮与短路导电片未旋紧 ②其他	检查纠正 送厂方修理	

7. 维护与保养

为了保证产品的使用准确性应定期进行复校,用 0.01 级以上数字电压表或电位差计对产品进行校验。产品存放在环境温度为 0 ~ 40 ℃,相对湿度在 80% 以下,空气中不含足以引起腐蚀的气体或杂质的环境中。

附录 9　倾斜式微压计使用说明(YYT - 200B)

1. 用途

YYT - 200B 倾斜微压计是实验室和工厂试验站用的携带式仪器,供测量 2 000 Pa 以下气体的表压、负压或差压之用。

仪器适合在周围气温为 10 ~ 30 ℃,相对湿度不大于 80% ,以及被测气体对黄铜及钢材无侵蚀作用的条件下使用。

2. 工作原理

YYT - 200B 倾斜式微压计是一种可见液体弯面的多测量范围液体压力计(见图 A - 12)。当测量表压时,测量压力的空间需要和宽广容器相连通;而当测量负压时则与倾斜管相连通;

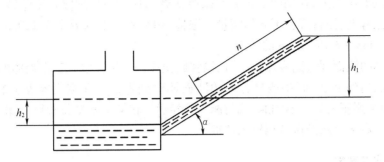

图 A – 12　倾斜式微压计原理示意图

在测量压差的情况下,则把较高的压力和宽广容器连通,而把较低的压力和倾斜管连通。

设在所测压力的作用下,与水平线之间有倾斜角度为 α 的管子,管内的工作液体液面在垂直方向上升高了一个高度 h_1,而在宽广容器内的液体液面下降了 h_2,此时在仪器内工作液体面的高度差将等于

$$h = h_1 + h_2 \tag{2}$$

$$h_1 = n \times \sin\alpha \tag{3}$$

在倾斜管内所增加的液体体积等于宽广容器内所减少的液体体积,所以有

$$n \times F_1 = F_2 \times h_2 \tag{4}$$

式中　F_1——管子的截面面积,m^2;

　　　F_2——宽广容器的截面面积,m^2。

把式(3)和式(4)所算出的 h_1 及 h_2 的数值代入式(2)中,可得

$$h = n \times (\sin\alpha + F_1/F_2)$$

或

$$P = n \times (\sin\alpha + F_1/F_2) \times \rho \tag{5}$$

式中　P——所测水柱高度,mm;

　　　n——倾斜管上的读数,mm;

　　　ρ——工作液体的密度,g/cm^3。

3. 结构

YYT – 200B 倾斜式微压计是测量管倾斜角度可以变更的压力计,它的结构如图 A – 13 所示,在宽广容器 9 中充有工作液体(酒精),与它相连的是倾斜测量管 7,在倾斜测量管上标有长为 258 mm 的刻度。

宽广容器装牢在有三个水准调节螺钉 8 和一个

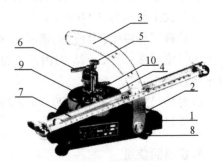

图 A – 13　YYT – 200B 倾斜式微压计

1—底版;2—水准指示器;3—弧形支架;

4—加液盖;5—零位调整旋钮;

6—阀门柄;7—倾斜测量管;

8—水准调节螺钉;9—宽广容器;

10—多向阀门

水准指示器 2 的底版 1 上,在底版上还装有弧形支架 3,用它可以把倾斜测量管固定在五个不同倾斜角度的位置上,而得五种不同的测量上限值,刻在支架上的数字 0.2,0.3,0.4,0.6,0.8 表示常数因子 $(\sin\alpha + F_1/F_2) \times \rho$ 的数值。

把工作液体的液面调整到零点,借零位调整旋钮 5 调节浮筒浸入工作液体的深度,来改变宽广容器 9 内酒精的液面,而将测量管内的液面调整到零点。在宽广容器上装有多向阀门 10,用它可以使被测压力与容器相通,或与测量管相通。仪器的水准位置可根据底板上的水准指示器用底版左右两个水准调节螺钉来定准。

4. 主要的技术数据

①测量上限值,标尺上最小分度值及常数因子见表 A–9。

表 A–9　测量上限值及常数因子表

测量上限值/mm	标尺上最小分度值/mm	常数因子
50	0.2	0.2
75	0.3	0.3
100	0.4	0.4
150	0.6	0.6
200	0.8	0.8

②精度等级:0.5 级和 1.0 级两种。

③最大工作压力:10 000 Pa。

④标称工作液体(酒精)的密度,0.810 g/cm³。

⑤标定温度:为 15~25 ℃内任一温度,精确度 0.5 级压力计不超过 1 ℃,精确度 1 级压力计不超过 2 ℃。

⑥外形尺寸:330 mm×200 mm×230 mm(长×宽×高)。

⑦质量:约 2.5 kg。

5. 仪器的使用

①使用时将仪器从箱内取出,放置在平且无振动影响的工作台上,调整仪器底版左右两个水准调节螺钉,使仪器处于水平的位置,将倾斜测量管按测量值固定在相应的常数因子值上。

②旋开宽广容器上的加液盖,缓缓地加入密度为 0.810 g/cm³ 的酒精,使其液面在倾斜测量管上的刻线始点附近,然后把加液盖仍安在原位,将阀门柄拨在"测压"处,用橡皮管接在阀门的"+"压接头上,轻吹橡皮管,使倾斜测量管液面上升到接近于顶端处,排出存留在宽广容

器和倾斜测量管道之间的气泡,反复数次,至气泡排尽为止。

③将阀门柄仍拨回"校准"处,旋动零位调整旋钮校准液面的零点。若旋钮已旋至最低位置,但仍不能使液面升至零点,则所加入的酒精过少,应再加入酒精,使液面升至稍高于零点处,再用旋钮校准液面至零点,反之则所加的酒精过多,可轻吹套在阀门"＋"接头上的橡皮管,使液面从倾斜测量管的上端接头溢出多余的酒精。

④测量时把阀门柄拨在"测压"处,当被测压力高于大气压力时,将被测量的压力管子接在阀门的"＋"压接头上;当被测压力低于大气压力时,应先将阀门中间的接头和倾斜测量管上端的接头用橡皮管接通,将被测量的管子接在阀门的"－"压接头上;当测量压力差时,则将被测的高压管接在阀门的"＋"压接头上,被测压力的低压管接在阀门的"－"压接头上,阀门中间的接头和倾斜测量管上端的接头用橡皮管接通。

⑤在测量过程中,如欲校对液面零位是否符合,可将阀门柄拨至"校准"处进行校对。

⑥使用以后,如短期内仍需继续使用,则容器内所储的酒精无需排出,但必须把阀门柄拨至"校准"处,以免酒精蒸发和密度变动;如需排出容器内所储的酒精,则把阀门柄拨在"测压"处,将盛放酒精的器皿置于倾斜测量管上端的接头处,轻吹套在阀门的"＋"压接头上的橡皮管,使酒精沿倾斜测量管从上端的接头排出,直至排尽为止。

6. 注意事项

①在读数时,必须把倾斜测量管上的读数乘以弧形支架上的常数因子。
②填充酒精时,必须使所用酒精的密度与仪器铭牌上所标明的酒精密度相符。

7. 仪器的维护

①搬动仪器时,着力应在底板上,切不可携带弧形支架,以防变动支架的位置,影响仪器的精度。
②仪器使用以后,应仍放在木箱内,并用箱盖盖好,以防尘埃且方便搬移。
③仪器不能放置在高温或潮湿的室内。

8. 计算

按国家计量标准规定,计量单位要按国际单位制 Pa 进行,因此测试结果必须按国际单位制进行换算。

附 录 10

表 A – 10　热电偶温度计标定数据记录表

序号	温度/℃	标定热电偶热电势/mV	标准温度/℃
1			
2			
3			
4			
5			
6			
7			

附 录 11

表 A – 11　平板导热系数实验数据记录表

实验次数	热电势数值/mV	
	未 知 1	未 知 2
0		
1		
2		
3		
4		
5		
6		
7		
8		
9		
10		
11		
12		
13		
14		

附　录　12

表 A-12　风洞中空气横掠单管对流换热系数与风速测定实验数据记录表

电加热器	气流温度			微压计		实验管壁面温度									备注
	入口空气温度	出口空气温度	平均值	微压计读数	倾角比值	1		2		3		4		壁温平均值	
加热器						毫伏读数	温度	毫伏读数	温度	毫伏读数	温度	毫伏读数	温度		
W	℃	℃	℃	mm		mV	℃	mV	℃	mV	℃	mV	℃	℃	

附　录　13

表 A-13　风洞中空气横掠单管对流放热系数随风速变化规律实验数据记录表

风洞截面尺寸:1.测速段截面尺寸_____ m;
　　　　　　 2.实验段截面尺寸_____ m;
　　　　　　 3.实验段有效流通面积_____ m²。
实验管尺寸:1.外径_____ m;
　　　　　　2.有效长度_____ m。

实验次序	电加热器	气流温度			微压计		实验管壁面温度									备注
	加热器	入口空气温度	出口空气温度	平均值	微压计读数	倾角比值	1		2		3		4		壁温平均值	
							毫伏读数	温度	毫伏读数	温度	毫伏读数	温度	毫伏读数	温度		
	W	℃	℃	℃	mm		mV	℃	mV	℃	mV	℃	mV	℃	℃	
1																
2																
3																
4																
5																
6																

附　录　14

表 A－14　大容器沸腾实验原始数据记录表

序号 项目	参数	符号及计算公式	单位 工况	1	2	3	4	5
1	沸腾水泡和温度	t_s	℃					
2	管内壁温与水温之差	$E(t_1,t_s)$	mV					
		Δt	℃					
3	试件 a－b 间电压经分压后测得的值	V_2	mV					
4	标准电阻两端电压降	V_1	mV					

附　录　15

表 A－15　大容器沸腾实验数据整理表

序号 项目	参数	符号及计算公式	单位 工况	1	2	3	4	5
1	沸腾水泡和温度	t_s	℃					
2	管内壁温与水温之差	$E(t_1,t_s)$	mV					
		Δt	℃					
3	试件 a－b 间电压经分压后测得的值	V_2	mV					
4	标准电阻两端电压降	V_1	mV					

表 A - 15（续）

序号	项目 参数	符号及 计算公式	工况 单位	1	2	3	4	5
5	管内壁温	t_1	℃					
6	管子 a - b 间 电压降	$V = T \times V_2 \times 10^{-3}$	V					
7	管子工作电流	$I = V_I$	A					
8	管子放热量	$\Phi = V \times I$	W					
9	管子外温度	$t_2 = t_1 - \xi\Phi$	℃					
10	管子表面热负荷	$q = \Phi/F$	W/m^2					
11	沸腾放热温度	$\Delta t = t_2 - t_s$	℃					
12	沸腾放热系数	$h = \Phi/(F \cdot \Delta t)$	W/m$^2 \cdot$℃					

附　录　16

表 A - 16　物体表面黑度测定实验数据记录表

序号 No	热源 /mV	传导/mV		受体（紫铜光面） /mV	备注
		1	2		
1					
2					
3					
平均温度/℃	$T'_{源} = \Delta T'_{源} + T_{室}$			$T_{受} = \Delta T_{受} + T_{室}$	
序号 No	热源 /mV	传导/mV		受体（紫铜熏黑） /mV	室温 t_0/℃
		1	2		
1					
2					
3					
平均温度/℃	$T_{源} = \Delta T_{源} + T_{室}$			$T_0 = \Delta T_0 + T_{室}$	

附　录　17

表 A – 17　综合传热性能实验台实验数据记录表

自由对流	翅片管	光管	涂黑管	镀洛管	锯末保温管	玻璃丝保温管
初始液面/cm						
结束液面/cm						
计算时间 τ/min						
g_s/(m³/cm)						
凝结水量 G/（kg/s）						
传热量 Φ/W						
传热面积 F/m²						
传热系数 K						

注:凝结水密度 $\rho = 1\,000$ kg/m³。

主要符号表

$E_A(T, T_0)$ 和 $E_B(T, T_0)$——导体 A 和 B 在两端温度分别为 T 和 T_0 时的温差电势；

e——电子电荷量，$e = 1.602 \times 10^{-19}$ C；

K——玻耳兹曼常数，$K = 1.38 \times 10^{-23}$ J/K；

N_A, N_B——导体 A 和 B 的电子密度，均为温度的函数；

T, T_0——金属导体 A 和 B 接触点的温度，K；

$N_A(T)$ 和 $N_B(T)$——金属导体 A 和 B 在温度为 T 时的电子密度；

$N_A(T_0)$ 和 $N_B(T_0)$——金属导体 A 和 B 在温度为 T_0 时的电子密度；

E_t——测量端温度为 t 时的热电势（参比端为 0 ℃）；

R_G——仪表的内阻；

R_E——外电路的电阻；

R_T——温度为 T(K) 时的电阻值，Ω；

R_{T_0}——温度为 T_0(K) 时的电阻值，Ω；

δ——厚度，m；

λ_m——平均温度下材料的导热系数，W/(m·K)；

ϕ——传热量，W；

U——电压，V；

I——电流，A；

τ——时间，s；

q_c——沿 x 方向从端面向平板加热的恒定热流密度，W/m²；

a——热扩散率，也即导温系数，m²/s；

t_0——初始温度，℃；

A——试件的横截面面积，m²；

c——比热容，kJ/(kg·K)；

ρ——密度，kg/m³；

$\dfrac{dt}{d\tau}$——温升速率，℃/s；

t_w——壁面平均温度，℃；

t_f——流体平均温度，℃；

h——对流换热系数，W/(m²·K)；

Nu_f——努谢尔特准则，$Nu_f = \dfrac{\alpha d}{\lambda_f}$；

Fo——傅里叶准则，$Fo = \dfrac{a\tau}{\delta^2}$；

Re_f——雷诺准则，$Re_f = \dfrac{\omega d}{\nu_f}$；

Pr_f——普朗特准则，$Pr_f = \dfrac{\nu_f}{a}$；

d——实验管外径，m；

ω——流体流过实验段最窄处的流速，m/s；

ν_f——流体运动度，m^2/s；

λ_f——定性温度下流体的导热系数，W/(m·K)；

$\rho_{液}$——微压计中液体的密度，kg/m^3；

$\rho_{气}$——空气的密度，kg/m^3；

x——微压计读数，mm；

F_1,F_2——管子和宽广容器的截面面积，m^2；

f'——测速段流道面积，m^2；

f——实验段最窄流通截面面积，m^2；

l——试验管有效管长，m；

n——试验管根数；

ϕ_R——辐射散热量，W；

ϕ_c——对流散热量，W；

ε——试验管表面黑度；

C_0——黑体辐射系数，$C_0 = 5.67\ W/(m^2·K^4)$；

T_w——壁面平均绝对温度，K；

T_f——空气进出口平均绝对温度，K；

p——压力，Pa；

Δt——温差，℃；

g——重力加速度，m^2/s；

β——空气膨胀系数，$\beta = 1/T$，K^{-1}；

Gr——格拉晓夫准则，$Gr = \dfrac{g\beta\Delta t d^3}{\nu^3}$；

σ_0——黑体辐射系数，$\sigma_0 = 5.67 \times 10^{-8}\ W/(m^2·K^4)$；

k——换热器传热系数，$W/(m^2·K)$；

Δt_m——冷热流体间换热的对数平均温度差,℃;

$\varepsilon_{\Delta t}$——换热器温度差修正系数;

$\Delta t'$,$\Delta t''$——分别为换热器进出口端冷热流体间的温度差,℃;

w_1——热水流速,m/s;

w_2——冷水流速,m/s;

M——流量,kg/s;

d_1——内管内径,m;

d_2——内管外径,m;

d_3——外管内径,m;

t_1'——热流体的进口温度,℃;

t_1''——热流体的出口温度,℃;

t_2'——冷流体的进口温度,℃;

t_2''——冷流体的出口温度,℃;

r_w——管壁导热热阻,$(m^2 \cdot K)/W$;

r_F——管壁污垢热阻,$(m^2 \cdot K)/W$。

参考文献

[1] 蒋章焰,王传院.传热学实验研究[M].北京:高等教育出版社,1982.

[2] 严兆大.热能与动力机械测试技术[M].北京:北京机械工业出版社,1999.

[3] 施明恒,薛宗荣.热工实验的原理和技术[M].南京:东南大学出版社,1982.

[4] 朱明善.工程热力学[M].北京:清华大学出版社,1998.

[5] 涂颉,章熙民.热工实验基础[M].北京:高等教育出版社,1986.

[6] 奚士光.锅炉及锅炉房设备[M].北京:中国建筑工业出版社,1997.

[7] 杨世铭,陶文铨.传热学第四版[M].北京:高等教育出版社,2006.

[8] 曹玉璋,邱绪光.实验传热学[M].北京:国防工业出版社,1998.

[9] 江体乾.化工数据处理[M].北京化学工业出版社,1984.

[10] 贝文顿 P.R.数据处理和误差分析[M].仇维礼,徐根兴,赵恩广,等,译.北京:知识出版社,1986.

[11] 严兆大.热能与动力机械测试技术[M].北京:北京机械工业出版社,1999.

[12] 徐大中.热工测量与实验数据整理[M].上海:上海交通大学出版社,1991.

[13] 林其勋.热工与气动的测量[M].西安:西北工业大学出版社,1995.

[14] 杨世铭.传热学[M].北京:高等教育出版社,1994.

[15] 涂颉,章熙民.热工实验基础[M].北京:高等教育出版社,1986.

[16] 奚士光.锅炉及锅炉房设备[M].北京:中国建筑工业出版社,1997.

[17] 张子慧.热工测量与自动调节[M].北京:中国建筑工业出版社,1987.

[18] 刘耀浩.空调与供热的自动化[M].天津:天津大学出版社,1996.

[19] 陈钟颀.传热学专题讲座[M].北京:高等教育出版社,1989.

[20] 杨世铭.冷凝膜部分湍流时的放热——包括低 Pr 数的情形[J].机械工程学报,1957,(3):196-197.

[21] 施明恒,甘永平,马重芳.沸腾和凝结[M].北京:高等教育出版社,1995.

[22] 葛绍岩,那鸿悦.热辐射性质及其测量[M].北京:科学出版社,1989.

[23] 中华人民共和国国家标准.钢制管壳式换热器.GB151-89[S].北京:中国标准出版社,1989.

[24] 史美中,王中铮.热交换器原理与设计[M].南京:东南大学出版社,1996.

[25] 徐大中.热工测量与实验数据整理[M].上海:上海交通大学出版社,1991.

[26] 林其勋.热工与气动的测量[M].西安:西北工业大学出版社,1995.